한식과 서양식을 한 권에 담은 최초의 디저트 교과서

디저트 일타강사 레시피

이애라 외
최윤정 박미란 주정화 정연화

조선뉴스프레스 여성조선

한식과 서양식을 한 권에 담은 최초의 디저트 교과서

디저트 일타강사 레시피

들어가는 글

디저트 수업에 대한 갈증을 채워주는
책이 되길 바랍니다

대학에서 한식과 한식 디저트를 가르치며 보니 학생들이 음식보다는 디저트에 관심이 더 많았습니다. 카페나 공방 창업, 소그룹 강의 등 직업적 활용도가 더 높기 때문입니다. 그런데 체계 없이 배우러 다니다 보니 수강료가 큰 부담이 되는 것을 알게 되었습니다. 특히 한식 디저트는 수강료가 비싸서 접근하기가 더 힘들었습니다. 그래서 서양식과 한식을 아우른 디저트 레시피북을 만들어 누구나 책을 보면서 따라 할 수 있도록 해야겠다는 생각이 들었습니다. 서양식과 한식 디저트를 함께 모은 레시피북을 본 적이 거의 없었던 것 같아서 더더욱 이런 생각을 하게 되었습니다.

음식을 만들 때의 철학이기도 합니다만 일단 입으로 먹는 것은 먹는 자의 입을 만족시켜야 한다고 생각합니다. 게다가 디저트라면 보는 눈도 함께 즐거워야 하겠지요. 물론 이 책은 전문 파티시에를 위한 책은 아닙니다. 디저트를 배워 공방이나 문화센터 등에서 수업을 하고 싶은 분, 카페를 창업하는 데 다양한 디저트를 선보이고 싶어 배우고자 하는 분, 가족에게 또는 주변의 지인에게 직접 만든 멋진 선물을 하고 싶은 분 등 실생활에서 유용하게 쓸 분들을 위한 책입니다. 그래서 레시피의 정확성에 많은 공을 들였습니다.

정확한 계량 외에 전해져 내려오는 레시피를 고집하기보다는 따라 하기가 보다 쉬운 방법을 적었습니다. 그리고 더는 먹을 수 없을 정도로 만들어 먹어보고 고치고 하는 과정을 수없이 반복했습니다. 디저트는 정확한 계량을 제시해 주어야 따라 할 수 있기 때문입니다. 이 책에 나오는 레시피대로 한다면 정말 맛 하나는 후한 점수를 기꺼이 주실 거라고 믿습니다.

그다음은 수업이나 강의를 하든 판매를 하든 플레이팅이 중요하다고 생각되어 디자인적인 측면도 많은 신경을 썼습니다. 디자인을 신경 쓴다는 것은 보기에 예쁘고 먹음직하다는 의미이지 과한 화려함을 말하는 것이 아닙니다. 특히 한식 디저트는 단아한 품격이 있는 특유의 아름다움을 유지하는 데 중점을 두었습니다. 이 부분은 학생들에게 늘 강조하는 점이기도 합니다.

결국 아름다움에 끌려 선택하고 맛을 보고 지속적으로 찾는 디저트, 이것이 한식 디저트의 궁극의 목표입니다.

제가 가르치는 학생들은 인생에서 제때라는 일반적인 시간표대로 살지 않았던 사람들입니다. 여러 가지 이유로 젊은 날 대학 진학을 미루었거나 뒤늦게 전공을 바꿔 공부하는 사람들입니다. 그들은 이미 자신에게 필요한 것이 무엇인지를 알기에 더 절실하고 더 열심입니다.

대학에서의 수업은 당연히 이론과 병행하기 때문에 학생들은 4년간의 학교 수업 외에도 새로운 레시피들을 배우기 위해 여기저기를 기웃거립니다. 물론 거기엔 많은 비용을 지불해야 합니다. 그래서 대학 수업과는 다른 레시피북을 만들어 그런 수요층의 갈증을 채워줘야겠다는 일종의 사명감이 들었습니다. 물론 이 책 한 권으론 부족하기에 찾는 사람이 많으면 2권, 3권도 출판할 것입니다. 그러나 그것은 차후 얘기고 일단 책을 보고 해봐도 안 되는 사람들을 위해서는 상설 강좌를 열 생각입니다. 책에 나오는 내용을 전부 다 배울 수 있게 말입니다.

많은 사람이 이 레시피북을 보고 그들이 가는 길에 도움이 되었으면 합니다. 책이 낡도록 누군가의 주방에 늘 놓여 있었으면 합니다. 하여 그들이 꿈을 실현하는 데 딱 한 스푼 분량이라도 쓰임이 있기를 바랍니다.

끝으로 망설이는 제 등을 밀어 기획에서 편집은 물론이요, 소품까지 챙겨주던 강부연 기자님께 고맙다는 말을 전합니다.

저자 **이애라**

모두가 꿈꾸는 '덕업일치'에
여러분도 도전하세요

요리가 업은 아니었지만 결혼 전부터 음식 만들기에 관심이 많았습니다. 결혼한 후에는 저희 아이가 아토피가 있는데 유독 빵을 좋아해 직접 만들어주어야겠다는 마음에 제과제빵을 시작했습니다. 이후 자연스럽게 커피에 대해서도 배우고 평소 관심 있었던 폐백 음식까지 배우게 되었지요. 우연히 아르바이트로 아이들에게 쿠키 만드는 수업을 했는데 그것이 인연이 되어 지금은 학생들은 물론 병원에서도 디저트 수업을 진행하고 있습니다. 병원에서 제가 가르치는 분들 중에는 산업재해로 휠체어에 의존하시는 분들도 있었습니다. 수업을 하기 전에는 '과연 이분들이 이 수업을 좋아하실까' 하는 의문이 있었습니다. 수업받는 분들이 대부분 남성 분들이기도 했고요. 그런데 수업을 시작하자 모두가 너무 즐거워하시더라고요. 고소한 냄새와 달콤한 맛은 금세 병원 공기를 따뜻하게 데워주는 것 같았습니다. 그때 디저트의 힘 그리고 음식의 매력에 대해 다시금 생각하게 되었습니다. 그 매력에 빠져 지금까지 디저트 강사로 활동하고 있지만요.

제가 처음 디저트 강사가 되었을 때 꿈꾸던 결과물이 드디어 나왔습니다. 그동안 강의를 통해 쌓아온 경험과 노하우를 담은 책을 출간하게 되어 매우 기쁩니다. 처음 강사로 활동을 시작했을 때 도움 받을 곳이 없어 막막했던 시간을 뒤돌아보며 디저트를 처음 접하는 분들도 쉽게 따라 할 수 있는 단계별 설명과 팁을 제공해 누구나 전문가 수준의 디저트를 만들 수 있도록 했습니다.

맛있고 아름다운 디저트를 보며 느꼈던 행복한 기억들이 저를 요리와 디저트를 사랑하게 만들었습니다. 취미가 업이 되어 현재 '달콤하루' 디저트 스튜디오를 운영 중이며, 모두가 꿈꾸는 '덕업일치'를 이루게 되었습니다. 강사로서의 자부심을 가지고, 여러분께 최고의 디저트 레시피와 팁을 제공하고자 최선을 다했습니다. 이 책을 통해 디저트를 만들며 제가 느꼈던 기쁨과 성취감을 함께 나눌 수 있길 바라며, 독자분들에게 디저트의 새로운 도전과 즐거움을 선사하는 계기가 되길 바랍니다.

앞으로도 새로운 서양식 디저트와 한식 디저트의 레시피와 팁을 지속적으로 연구하고 공유할 예정입니다. 여러분과 함께 더 많은 디저트의 즐거움을 나누고 싶습니다.

저자 **최윤정**

새로운 가능성을 발견하는 데
도움 되는 책이 되길 바랍니다

옛글에 '알기만 하는 사람은 좋아하는 사람만 못하고, 좋아하기만 하는 사람은 즐기는 사람만 못하다'라는 말이 있습니다. 평소 음식 만드는 것을 좋아해 직장에 다니면서도 틈틈이 한식, 중식, 양식 조리사 자격증을 취득했었습니다. 성취감도 있고 무엇보다 만들고 나면 저뿐만 아니라 가족과 주변인들이 좋아해 요리하는 것이 참 즐거웠습니다. 이때까지의 직장 생활과 달리 좋아하는 것을 넘어 즐길 수 있는 일이니까요.

제가 즐길 수 있는 일을 하면서 마음 맞는 팀과 함께 요리책을 출간하게 되었습니다. 동서양을 막론하고 디저트는 생일, 결혼, 명절과 같이 좋은 날을 더욱 행복하게 만들어주는 달콤함과 고소함이 있습니다. 제 어린 시절의 기억에도 우리의 떡과 한과는 늘 기분 좋은 기억으로 남아 있는 것처럼요. 추석이면 온 가족이 모여 송편, 출출할 때 어머니가 만들어주시던 인절미 그리고 기름 냄새까지 더해져 행복을 넘어 황홀하기까지 했던 수수부꾸미 등을 생각하면 저절로 미소가 지어집니다.

먹고 살기 어려울 때 디저트란 사치품과 같았을 것입니다. 하지만 현대에는 믿을 수 있는 좋은 재료로 정성을 가득 담아 만든 디저트는 가족 그리고 함께하는 지인들에게는 특별한 선물이 됩니다. 저는 얼마 전 친정아버지의 팔순 때 정과를 올린 떡케이크를 만들어 선물했습니다. 평소 무뚝뚝하시던 아버지도 아기자기한 떡케이크를 보며 무척 좋아하셨습니다. 그 기억은 음식 선물을 하면서 가장 뿌듯하고 행복하게 느꼈던 것 중 하나입니다.

모든 사람의 기쁜 순간에 함께하는 디저트 레시피를 팀원들과 협력하여 한 권의 책으로 만드니 기쁨을 넘어 감동스럽기까지 합니다. 저처럼 디저트를 판매하며 다양한 이들에게 디저트를 가르치고 싶은 꿈을 가진 분들에게 실질적인 도움이 되기를 바랍니다. 여러분의 솜씨가 더욱 빛나고 새로운 가능성을 발견하는 데 길잡이 역할을 할 수 있도록 열정을 다해 만든 책이니 책장이 아닌 부엌에서 실질적인 빛을 발했으면 좋겠습니다.

저자 **박미란**

한식 디저트의 매력을 알게 하는
책이길 바랍니다

한식의 다양한 디저트는 맛뿐만 아니라 아름다운 모습으로도 사람들의 눈과 입맛을 사로잡습니다. 하지만 전통적인 한식 디저트에 대한 정보나 레시피를 찾기가 쉽지 않습니다. 그래서 한식 니저트에 관심 있는 사람들 그리고 이것을 활용해 수업을 하시는 선생님들을 위해 이 책을 만들게 되었습니다.

이 책은 전통적인 한식 디저트뿐만 아니라 현대적으로 해석한 디저트에 대한 레시피를 상세히 담았습니다. 한식 디저트의 재료 1g 차이에 따라 맛이 확연하게 달라져 어떤 레시피는 오후 5시에 시작해 그다음 날 새벽 5시까지도 완성하지 못할 때도 있었습니다. 그만큼 맛있고 정확한 레시피를 위해 많은 애를 썼습니다. 한식 디저트에서 가장 중요한 것은 재료의 배합과 물 주기입니다. 이 책에서는 그 두 가지를 정확하게 담아 책을 읽는 모든 분이 맛있는 디저트를 따라 만들 수 있도록 했습니다.

저는 개인적으로 콩을 별로 좋아하지 않아 추석에는 여러 가지 소를 넣은 송편을 만들어 먹곤 합니다. 지난 추석 때는 이 책에 나오는 쑥소를 넣은 송편을 만들었는데 맛본 가족과 지인들이 아주 좋아했습니다. 따뜻한 봄날 햇살을 받으며 따온 여린 쑥 잎을 데치고 간하여 멥쌀가루를 익반죽한 것에 넣고 빚어 쪄냈지요. 송편을 먹으니 입 안 가득 봄이 온 것 같은 향긋함을 느낄 수 있었습니다. 이 책에 담긴 디저트들은 이 쑥소 송편처럼 저를 비롯한 저자들이 일상에서 즐겨 먹는 레시피를 담은 것이니 가족들과 함께 꼭 만들어 보길 추천합니다.

책을 만들면서 많은 시간과 노력이 필요했지만 이를 통해 저 역시 디저트 제조와 관련된 지식과 기술을 발전시킬 수 있었던 시간이었습니다. 제대로 된 레시피를 만들고자 새로운 것을 시도하고 실패하며 배우는 과정은 저를 성장하게 하는 자양분이 돼주었습니다. 이 책을 만들면서 저 역시 큰 도전과 성취감을 느끼는 특별한 경험을 했습니다. 책을 접하는 모든 분들이 저와 같이 디저트를 만들고 즐기는 경험을 할 수 있기를 바랍니다. 또 한식 디저트의 매력을 널리 알리는 데 조금이나마 이바지할 수 있기를 소망합니다.

저자 주정화

우리 가족만의 향수가 있는 디저트를
아이들에게 선물하세요

어릴 적 저는 유난히 떡을 좋아하는 아이였습니다. 특별한 날이면 어머니께서 직접 떡을 만들어주셨고, 그 순간들은 제게 떡과 한과가 단순한 음식을 넘어 중요한 기념일에 빠질 수 없는 문화적 가치임을 깨닫게 해주었습니다. 그러나 현대에 들어 전통적인 한식 디저트는 점차 잊혀가며 많은 이들에게 만들기 번거롭고 어려운 그 무엇이 돼버리고 말았습니다. 이 가운데 한식 디저트의 진정한 가치를 일깨워주신 분이 바로 이애라 스승님이셨습니다. 스승님과의 만남은 한식 디저트의 깊이와 한국 디저트 문화의 다양한 측면을 탐구하는 전환점이 되었습니다.

이후 저는 여러 차례 아시아 각국의 요리 아카데미를 탐방하며, 다양한 재료 활용법과 섬세한 맛의 조화를 배우게 되었습니다. 이 과정에서 한식 디저트만이 가진 고유한 매력을 새롭게 발견하고, 전통의 맛과 현대적인 감각을 융합하는 방법을 깊이 고민하게 되었습니다. 이러한 경험은 저에게 미식적 감각을 넓히고, 한식 디저트의 가치를 재조명하는 중요한 기반이 되었습니다.

이 책을 만들면서 SNS상의 다양한 디저트 레시피를 검색해 보고 직접 만들어 보기도 했습니다. 그런데 생각보다 정확한 레시피가 없다는 점에 놀라웠습니다. 그래서 몇 날 며칠 밤을 새워가며 저희가 만든 레시피를 여러 차례 검증해 누구나 따라 하기만 하면 만들 수 있는 니서트 책을 완성했습니다. 이와 함께 한식 디저트의 경우 정형화된 디자인 대신 현대적인 감각으로 재해석해 단아하면서도 세련된 모습을 갖출 수 있도록 했습니다.

제 꿈은 최고의 디저트 선생이 되는 것입니다. 저 역시 엄마라 그런지 특히 어린아이를 키우는 엄마들에게 다양한 한식 디저트 문화를 알려주고 싶습니다. 요즘은 떡집은 물론이고 한과 집도 사라져 가는 추세입니다. 있다고 해도 프랜차이즈인 경우가 대부분입니다. 한식 디저트는 자연 재료의 고유한 맛을 살리면서도 화학적인 단맛을 지양해 건강하고 섬세한 풍미를 자랑합니다. 맛있고 건강한 우리 디저트를 아이들에게 만들어준다면 얼마나 좋을까요.

유럽에서 파티를 하면 자기 집안만의 디저트를 내림음식처럼 내놓고 함께 즐기는 걸 보면서 많이 부러워했습니다. 독자 여러분도 아이들이 자라서 추억할 수 있는 우리 집만의 향수가 어린 디저트를 만들어 선물하면 어떨까요. 그뿐만 아니라 이 책은 전통의 정수를 배우고자 하는 요리 전문가, 강사 그리고 한식 디저트를 사랑하는 모든 이들에게 꼭 필요한 길라잡이가 될 것입니다. 디저트를 사랑하는 모든 분에게 도움이 되는 책이 되길 바랍니다.

저자 **정연화**

CONTENTS

디저트 일타강사 레시피

서양 디저트 1

구움과자류

한국 디저트 2

차와 어울리는 한과

양갱과 과편류

강정

구움과자류

쿠키를 포함한 구움과자류 만큼 널리 사랑받는 디저트가 또 있을까.
선물꾸러미를 만들듯 인기 있는 것들로만 구성하였다.

레몬마들렌

마들렌은 프랑스 북동부 지역에서 유래한 전통적인 과자로 조개 모양의 작은 케이크로 카스텔라와 비슷한 맛이 난다. 집에서 쉽게 만들어 먹을 수 있으며, 재료에 들어가는 가루의 종류를 조금만 바꾸면 다양한 마들렌을 만들 수 있다. 마들렌은 커피와 함께 판매하기 좋아 카페나 베이커리 공방을 운영하고 있다면 꼭 배워야 하는 기본 디저트 중 하나다. 마들렌 겉의 바삭한 식감을 원할 때는 레몬즙 11g, 슈가파우더 70g, 소금 1꼬집을 넣어 섞어 레몬아이싱을 만들어 레몬시럽 대신 발라준다.

기본 재료	레몬시럽 재료
박력분 75g	레몬 1개
아몬드파우더 10g	설탕 100g
버터 85g	물 60g
베이킹파우더 3g	물엿 30㎖
설탕 85g	
소금 1g	
달걀 85g	
레몬제스트 4g	
레몬시럽 적당량	

만드는 방법

1 버터는 중탕으로 녹여서 준비한다.

2 볼에 달걀을 풀고 설탕, 소금을 넣고 섞는다.

3 ②에 박력분, 아몬드파우더, 베이킹파우더를 체에 내려 섞는다.

4 ③에 레몬제스트를 넣어 섞는다.

5 ④에 중탕으로 녹인 버터를 섞고 실온에 30분 정도 휴지한다. 이때 중탕한 버터 온도가 60℃를 넘지 않도록 한다.

6 틀에 녹인 버터를 바르고 ⑤의 반죽을 틀의 80~90% 채운다.

7 175~180℃로 예열한 오븐에 ⑥을 넣고 10~13분 굽는다.

8 레몬시럽을 만든다. 레몬을 깨끗하게 세척한 후 흰 부분을 제거하고 작게 자른다. 냄비에 설탕과 물을 넣고 중불로 가열해 끓기 시작하면 레몬을 넣는다. 레몬이 투명해지면 물엿을 넣어 1~2분가량 더 끓인 후 한 김 식힌다.

9 완성된 마들렌 위에 ⑧의 레몬시럽을 바르고 시럽에 있는 레몬필을 올려서 장식한다.

진주 품은 초코 마들렌

마들렌을 만들 때 조개 모양을 활용하거나 진주 장식을 추가하면 보다 개성 넘치는 디자인을 완성할 수 있다. 겉을 감싸는 초콜릿의 색상에 따라서도 무드가 달라지고 작고 앙증맞은 모양이 사랑스러워 밸런타인데이나 화이트데이, 어린이날, 크리스마스와 같이 특별한 날 선물하기 좋다.

기본 재료

박력분 75g

코코아파우더 10g

베이킹파우더 3g

설탕 75g

소금 1g

꿀 10g

달걀 85g

버터 100g

딸기초콜릿 70g

밀크초콜릿 70g

진주펄 약간

스프링클 약간

만드는 방법

1 버터는 중탕으로 녹여서 준비한다.

2 달걀을 풀어 설탕, 소금, 꿀을 넣고 고루 섞는다.

3 ②에 박력분, 코코아파우더, 베이킹파우더를 체에 내려 섞는다.

4 ③에 녹인 ①의 버터를 넣어 섞고 실온에 30분 정도 휴지한다.

5 조개 모양 틀에 녹인 버터를 바르고 ④의 반죽을 80~90% 채운다.

6 175~180℃로 예열한 오븐에 10~13분 굽는다.

7 구운 ⑥의 마들렌 위와 아래의 중간 부분에 칼집을 넣는다.

8 녹인 초콜릿을 조개 모양 틀에 붓고 마들렌의 윗면을 초콜릿 위에 올린다.

9 초콜릿이 완전히 굳으면 틀에서 빼 칼집을 넣은 부분에 진주펄을 넣는다.

10 조개 마들렌 윗부분을 시판 스프링클로 장식한다.

허니 쌀 마들렌

쌀은 밀가루와 달리 글루텐이 없고 또 비교적 소화도 잘되는 편이다. 아침에 먹어도 부담이 없고 또 아이들에게 보다 건강한 과자와 빵을 먹일 수 있어서 쌀 베이커리는 날이 갈수록 인기가 높아지고 있다. 다만 쌀가루는 밀가루보다 수분 흡수율이 높기 때문에 반죽이 건조하다면 우유를 추가하여 조절하는 것이 중요하다.

기본 재료

박력쌀가루 90g

아몬드파우더 10g

베이킹파우더 4g

설탕 90g

소금 1g

꿀 18g

달걀 100g

버터 100g

만드는 방법

1 버터는 중탕으로 녹여서 준비한다.

2 달걀을 풀어 설탕, 소금, 꿀을 넣고 고루 섞는다. 이때 꿀은 설탕 안쪽에 홈을 내어 그 위에서 계량해야 손실을 막을 수 있다.

3 ②에 박력쌀가루, 아몬드파우더, 베이킹파우더를 체에 내려 섞는다.

4 ③에 녹인 ①의 버터를 섞고 반죽이 주르륵 흐를 정도의 농도가 되도록 우유를 넣어 섞어준다.

5 ④의 반죽을 비닐을 씌워 실온에 30분 휴지한다.

6 마들렌 틀에 버터를 바르고 반죽을 80~90% 채운다.

7 175~180℃로 예열한 오븐에 10~13분 굽는다.

커피 피낭시에

피낭시에(Financier)는 프랑스에서 시작된 작은 아몬드 케이크로 안은 부드럽고 겉의 가장자리는 바삭한 식감이 특징이다. 피낭시에는 그 이름에 걸맞게 금괴 모양의 직사각형의 틀에 만드는데 버터를 볶는 과정에 따라 풍미가 달라진다. 발효버터의 종류는 다양한데 여러 버터를 사용해 보고 취향에 맞는 버터를 찾아내는 과정도 피낭시에를 즐기는 방법 중 하나이다.

기본 재료	커피글레이즈 재료
박력분 20g	슈가파우더 50g
아몬드파우더 45g	물 15㎖
베이킹파우더 1g	커피액기스 ½작은술
설탕 60g	
꿀 9g	
소금 1g	
달걀흰자 60g	
헤즐넛버터 70g	
커피액기스 2g	
볶은 헤즐넛 약간	
커피글레이즈 약간	

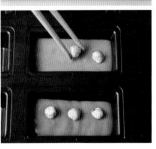

만드는 방법

1 헤즐넛버터를 만든다. 팬에 버터를 넣어 중불에서 골든 브라운 색이 되고
   견과류 향이 날 때까지 가열한후 50~60℃로 식힌다.

2 달걀흰자를 풀어주고 설탕, 꿀을 넣어 거품이 생기지 않도록 가볍게 섞는다.

3 ②에 박력분, 아몬드파우더, 베이킹파우더를 체에 쳐 섞고 식힌 ①의
   헤즐넛버터와 커피액기스를 넣고 고루 섞는다.

4 ③의 반죽을 10분간 냉장 휴지한 후 틀에 녹인 버터를 바르고 반죽을
   70~80% 채운 뒤 그 위에 볶은 헤즐넛을 올린다.

5 185~190℃로 예열한 오븐에 12~15분 굽는다.

6 구운 피낭시에 위에 분량의 재료를 섞어 만든 커피글레이즈를 바르고
   170℃ 오븐에 30초 정도 굽는다.

무화과 피낭시에

무화과는 달콤하면서도 부드러운 질감 그리고 특유의 향긋함으로 빵, 케이크, 타르트 등 다양한 베이킹에 활용된다. 무화과는 피낭시에 위에 올리면 맛과 향을 더해주는데 색감을 위해 반건조 무화과 대신 동결건조 무화과를 사용해도 좋다.

기본 재료
박력분 35g
아몬드파우더 60g
베이킹파우더 1g
설탕 90g
꿀 10g
소금 1g
달걀흰자 90g
버터 90g
바닐라빈 익스트랙 1g
사과술조림무화과 5개
크림치즈 30g
무화과시럽 글레이즈 약간

사과술조림무화과 재료
무화과(반건조) 5개
사과술 100㎖
황설탕 30g
레몬즙 5㎖
럼주 10g

무화과시럽 글레이즈 재료
사과술조림무화과시럽 18㎖
슈가파우더 50g

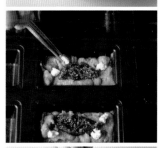

만드는 방법

1 사과술조림무화과를 만든다. 무화과는 뜨거운 물에 5분 정도 불려 차가운 물에 씻는다. 냄비에 무화과와 사과술, 황설탕을 넣고 중불에 끓인다. 끓기 시작하면 레몬즙과 럼주를 넣고 저어가며 10분 정도 졸여 완성한다.

2 달걀흰자를 풀어주고 설탕, 꿀, 소금을 넣어 거품이 생기지 않도록 가볍게 섞는다.

3 ②에 박력분, 아몬드파우더, 베이킹파우더를 체에 내려 섞는다.

4 팬에 버터를 넣어 중불에서 황금색이 되고 견과류 향이 날 때까지 가열한 후 50~60℃로 식혀 ③에 넣어 섞는다.

5 ④에 바닐라빈 익스트랙을 넣고 고루 섞는다.

6 틀에 녹인 버터를 바르고 ⑤의 반죽을 70~80% 채운다.

7 반죽 위에 조린 ①의 무화과와 크림치즈를 올린다.

8 185~190℃로 예열한 오븐에 12~15분 굽는다.

9 구운 피낭시에 위에 ①의 사과술무화과를 조림한 시럽과 슈가파우더를 섞어 만든 무화과시럽 글레이즈를 바르고 170℃ 오븐에 30초 정도 굽는다.

레몬 커스터드 쿠키

레몬커스터드 쿠키는 레몬의 상큼함과 쿠키의 바삭함이 잘 어울리는 디저트다. 쿠키에는 레몬즙을 넣지만 안을 채우는 커스터드에는 레몬제스트와 함께 라임즙을 넣어 맛을 냈다. 라임즙은 레몬과 비슷하면서도 좀 더 강렬하고 독특한 향미를 가지고 있어 보다 상큼한 맛을 더하기에 좋다.

기본 재료
박력분 270g
베이킹파우더 5g
버터 150g
설탕 130g
소금 2g
달걀노른자 1개 분량
레몬즙 35g
레몬제스트 8g
레몬커스터드 적당량
장식용 말린 오렌지 슬라이스
(또는 말린 청귤 슬라이스) 적당량

레몬커스터드 재료
달걀노른자 3개 분량
설탕 60g
소금 1g
옥수수 전분 15g
우유 60㎖
라임즙 20㎖
버터 30g
레몬제스트 4g

만드는 방법

1 레몬커스터드를 만든다. 팬에 달걀노른자, 설탕과 소금을 넣고 섞은 후
    옥수수 전분을 넣어 고루 섞는다. 우유와 라임즙, 레몬제스트를 넣고
    고루 섞어 약불에서 저어가며 농노가 되직해길 때까지 끓인다. 불을 끄고
    버터를 넣어 섞어주고 버터가 모두 녹으면 체에 내려 완성한다.
2 거품기를 이용해 버터를 부드럽게 풀고 설탕, 소금을 넣어 섞은 후
    달걀노른자를 넣어 빠르게 섞는다.
3 ②에 박력분, 베이킹파우더를 체에 내려 섞는다.
4 ③에 레몬즙과 레몬제스트를 넣어 섞어 반죽을 만든다.
5 반죽을 30g씩 소분해 도루떼틀에 넣어 컵 모양을 만든 후 다른 틀을 올려
    반죽을 고정한다.
6 틀에 넣은 반죽을 180℃로 예열한 오븐에 15~18분 굽는다. 이때 오븐에 넣은 지
    10분 후 고정틀을 장갑을 낀 손으로 살짝 눌러 너무 부풀지 않도록 한다.
7 식힌 ⑥의 쿠키 안에 ①의 레몬커스터드를 채우고 말린 오렌지 슬라이스 또는
    말린 청귤 슬라이스로 장식한다.

아몬드 쿠키

고소한 맛의 아몬드는 베이킹에 많이 사용되는데 아몬드가루, 아몬드버터, 아몬드우유 등이 대표적이다. 또 아몬드는 단백질, 지방, 비타민 E, 마그네슘, 섬유질 등을 함유하고 있어 맛과 함께 건강까지 챙길 수 있다는 것도 장점이다. 아몬드파우더를 풍부하게 넣은 아몬드 쿠키는 고소한 풍미가 일품으로 커피 베이스의 음료는 물론 홍차 베이스의 음료와도 잘 어울린다.

기본 재료

박력분 70g
아몬드파우더 45g
베이킹파우더 2g
버터 60g
황설탕 35g
달걀 25g
소금 1g
아몬드 슬라이스 약간
백앙금 약간
단호박가루 약간

만드는 방법

1 거품기를 이용해 버터를 부드럽게 풀어 황설탕, 소금을 넣어 섞고 달걀을 넣어 다시 빠르게 섞는다.
2 ①에 박력분, 베이킹파우더, 아몬드파우더를 체에 내려 함께 섞는다.
3 ②의 반죽에 비닐을 씌워 냉장고에 넣어 20분간 휴지한다.
4 냉장고에서 꺼낸 반죽을 0.8㎝ 두께로 밀어 원형 쿠키커터로 찍어 오븐팬에 올린다.
5 ④의 반죽을 크기가 다른 물결 모양의 커터로 찍어 모양을 낸다.
6 아몬드 슬라이스를 ⑤의 중앙에 꽂아 꽃 모양이 되도록 한다.
7 175~180℃로 예열한 오븐에 12~15분 동안 굽는다.
8 백앙금과 단호박가루를 섞어 반죽한 뒤 체에 눌러 꽃 수술을 만든다.
9 젓가락을 이용해 꽃 수술을 적당량 떼어내어 ⑦의 아몬드 쿠키 위에 올려 꽃 모양을 완성한다.

오트밀 무화과 쿠키

귀리를 익혀 납작하게 만든 것이 바로 오트밀이다. 섬유질이 풍부한 오트밀은 서양에서는 뜨거운
물이나 우유와 섞고 견과류, 과일 등을 곁들여 먹는 간단한 식사다. 오트밀은 베이킹을 할 때
사용하면 좋다. 특히 자연의 단맛과 미네랄이 풍부하게 들어 있는 무화과를 더해 만든 오트밀
무화과 쿠키는 우유 한 잔과 함께 아침 식사 대용으로도 그만이다. 또 계핏가루나 견과류를 추가
하면 한층 고소하고 향미가 풍부한 쿠키가 된다.

기본 재료
오트밀가루 50g
박력분 80g
베이킹파우더 2g
버터 55g
황설탕 55g
소금 1g
사과술조림무화과 4개

사과술무화과조림 재료
반건조 무화과 4개
사과술 100㎖
황설탕 30g
레몬즙 5㎖

만드는 방법
1 사과술무화과조림을 만든다. 무화과는 뜨거운 물에 5분 정도 불려
   차가운 물에 씻는다. 냄비에 무화과와 사과술, 황설탕을 넣고 중불로 끓인다.
   끓기 시작하면 레몬즙을 넣고 저어가며 10분 정도 더 졸인다.
2 거품기를 이용해 버터를 부드럽게 풀어 황설탕과 소금을 넣어 섞는다.
3 ②에 박력분과 베이킹파우더를 체에 내려 섞는다.
4 ③에 오트밀가루를 넣어 가볍게 섞어 반죽한다.
5 ④의 반죽에 비닐을 씌워 냉장고에서 30분간 휴지한다.
6 휴지가 끝난 반죽을 30g씩 소분해 둥글게 성형해 오븐팬에 올린다.
7 ①의 무화과를 반으로 잘라 펼쳐 둥글게 모양을 잡는다.
8 ⑥의 반죽 위에 무화과를 올리고 175~180℃로 예열한 오븐에서
   12~13분 굽는다.

구움과자류

블루베리 얼그레이 쿠키

얼그레이 홍차의 풍부한 아로마와 쌉싸름한 맛, 상큼한 과일의 풍미와 고소한 버터, 달콤한 설탕의 맛이 복합적으로 어우러진 쿠키다. 설탕을 줄이고 정제된 설탕에 비해 영양소가 풍부하고 저혈당 지수를 가지고 있는 팜슈가를 함께 넣어 건강까지 생각했다.

기본 재료	버터크림 재료
박력분 165g	버터 100g
설탕 50g	슈가파우더 100g
팜슈가 30g	블루베리 퓨레 30g
소금 1g	바닐라빈 익스트랙 약간
버터 90g	
달걀 30g	
얼그레이 3g	
버터크림 적당량	
블루베리 적당량	
화이트 초콜릿 70g	

만드는 방법

1 버터크림을 만든다. 거품기를 이용해 버터를 부드럽게 푼 후 슈가파우더를 넣어 섞는다. 여기에 블루베리 퓨레와 바닐라빈 익스트랙을 넣어 거품기로 단단해지도록 휘핑한다.

2 샌드용 화이트 초콜릿을 만든다. 화이트 초콜릿을 중탕해 숟가락으로 떠서 5~6㎝ 크기의 원형을 만들어 굳힌다.

3 거품기를 이용해 버터를 부드럽게 푼다.

4 ③에 설탕, 팜슈가, 소금을 넣어 섞고 달걀을 넣어 다시 빠르게 섞는다.

5 ④에 박력분을 체에 내려 섞는다.

6 비닐을 씌운 ⑤의 반죽을 냉장고에 넣어 30분간 휴지한다.

7 휴지가 끝난 반죽을 50g씩 소분해 둥글게 성형해 오븐팬에 올린다.

8 170~175℃로 예열한 오븐에 15~18분 굽는다.

9 구운 쿠키를 뒤집어 넓은 면 위에 ②의 초콜릿을 올리고 짜주머니에 ①의 버터크림을 채워 예쁘게 짜주고 블루베리로 장식한다.

땅콩 쿠키

바삭한 식감에 땅콩의 고소함 그리고 캐러멜의 달고 짠맛이 잘 어우러진 쿠키다. 봉긋하면서도 예쁜 쿠키 모양을 원한다면 땅콩캐러멜을 미리 올리지 말고 먼저 쿠키를 10분 정도 구운 후에 올려 2~5분 정도 굽는 것이 좋다. 취향에 따라 단짠의 맛을 더욱 극대화하고 싶다면 캐러멜에 소금을 조금 더 넣어주면 된다.

기본 재료
박력분 90g
아몬드파우더 30g
슈가파우더 60g
소금 2g
달걀 50g
버터 50g
땅콩버터 35g
땅콩캐러멜 적당량

땅콩캐러멜 재료
땅콩분태 60g
생크림 50g
설탕 35g
물엿 20g
버터 5g

만드는 방법

1 땅콩캐러멜을 만든다. 땅콩분태는 160℃의 오븐에서 6분간 굽는다.
   냄비에 설탕과 물엿을 넣고 중불에서 가끔 흔들어가면서 끓인다.
   황금색을 띠기 시작하면 약불로 줄이고 생크림을 천천히 넣으며 저어준다.
   불을 끄고 버터를 넣어 녹이고 오븐에 구운 땅콩분태를 넣고 섞은 뒤
   5g씩 소분해 둥글게 빚는다.
2 거품기를 이용하여 버터와 땅콩버터를 부드럽게 푼다.
3 ②에 슈가파우더와 소금을 넣고 섞은 후 다시 달걀을 넣어 빠르게 섞는다.
4 ③에 박력분, 아몬드파우더를 체에 내려 섞는다.
5 5발 별 깍지를 끼운 짜주머니에 ④의 반죽을 담아 오븐팬 위에 원형으로
   짠다.
6 175~180℃로 예열한 오븐에 10분 정도 굽다가 ①의 땅콩캐러멜을 올린 후
   2~5분 정도 더 굽는다.

커피롤 쿠키

바삭한 식감과 커피의 쌉싸름한 맛과 풍부한 향기가 어우러져 한 번 맛보면 자꾸만 손이 가는 쿠키다. 반죽의 겉면에 비정제 설탕을 묻히는 것이 맛의 포인트 중 하나. 비정제 설탕 특유의 달콤함과 커피 향이 잘 어우러지기 때문이다. 만들기도 쉽고 다양한 음료와도 잘 어울리는 쿠키이니 꼭 한 번 만들어 보길 추천한다.

기본 재료

박력분 260g

슈가파우더 94g

소금 2g

버터 156g

달걀 32g

인스턴트 커피(고운 가루) 9g

비정제 설탕 약간

만드는 방법

1 거품기를 이용하여 버터를 부드럽게 푼다.

2 ①에 슈가파우더, 소금을 넣어 섞은 후 달걀을 넣어
   빠르게 섞는다.

3 ②에 박력분을 체에 내려 자르듯 섞는다.

4 ③의 반죽이 보슬보슬한 상태가 되면 1:2 분량으로
   나눈다.

5 1분량으로 나눈 반죽을 다시 고루 섞는다. 2분량으로
   나눈 반죽에 커피 가루를 체에 밭쳐 넣고 고루 섞는다.

6 반죽을 각각 종이호일에 올린 후 같은 크기로 민다.
   이때 커피 반죽은 1분량의 반죽보다 더 두껍게 민다.

7 두 개의 반죽을 겹쳐 촘촘하게 만 후 냉장고에 넣어
   30분 휴지한다.

8 ⑦의 반죽에 비정제 설탕을 고루 묻혀 0.8㎝ 두께로 썬다.

9 170~175℃로 예열한 오븐에서 15~18분 굽는다.

코코넛 머랭 쿠키

머랭 쿠키는 달걀흰자를 거품 내어 설탕과 섞은 후 낮은 온도에서 오랜 시간 구워 만든다. 이름에서 알수 있듯이 공기와 같이 가벼운 질감이 특징이다. 가벼우면서도 바삭한 식감으로 다양한 향료나 색소를 추가하여 여러 가지 형태로 만들 수 있다.

기본 재료

아몬드파우더 36g

코코넛파우더 36g

슈가파우더 66g

달걀흰자 78g

설탕 54g

바닐라빈 익스트랙 약간

코코넛롱 약간

레몬즙 4㎖

만드는 방법

1 슈가파우더, 아몬드파우더, 코코넛파우더를 한데 섞어 체에 내린다.

2 달걀흰자는 하얗게 될 때까지 휘핑한다.

3 ②에 분량의 설탕을 3회 걸쳐 넣으며 휘핑해 단단한 머랭을 만든다.

4 ③에 레몬즙과 바닐라빈 익스트랙을 넣어 섞는다.

5 ④에 ①의 반 정도를 먼저 넣고 고루 섞는다.

6 남은 ①을 추가로 넣고 주걱을 세워 가볍게 섞는다.

7 원형 모양 깍지를 끼운 짜주머니에 ⑥의 머랭 반죽을 넣어 높이는 최소 4㎝ 정도에 지름은 너무 크지 않게 오븐팬에 짠다.

8 짜 놓은 머랭 위에 코코넛롱을 가볍게 뿌린다.

9 120~130℃로 예열한 오븐에서 20~30분 굽는다.

10 고운체를 이용해 슈가파우더를 머랭 위에 뿌린다.

말차 사브레

사브레라는 이름은 프랑스 서부 지역인 사블레(Sable)에서 유래되었다. 사블레라는 단어는 프랑스어로 '모래'를 의미하는데 이는 쿠키의 식감이 사르르 녹는 모래 같아서라고 한다. 사브레는 프랑스식 버터쿠키로 버터 특유의 풍부한 향과 부드러운 맛이 특징이다. 커피나 티는 물론 우유와도 잘 어우러진다. 말차를 넣은 사브레는 그린 컬러의 색도 아름답고 말차 특유의 쌉싸름한 맛과 향이 어우러지며 풍미도 좋다.

기본 재료
박력분 98g
아몬드파우더 45g
말차파우더 18g
바닐라빈 익스트랙 2g
슈가파우더 60g
소금 1g
버터 84g
달걀노른자 16g
화이트 초코칩 40g
달걀흰자 약간
황설탕 약간

만드는 방법
1 거품기를 이용하여 버터를 부드럽게 풀어 슈가파우더, 소금을 넣어 섞는다.
2 ①에 달걀노른자, 바닐라빈 익스트랙을 넣어 빠르게 섞는다.
3 ②에 박력분과 아몬드파우더, 말차파우더를 체에 내려 섞는다.
4 ③에 화이트 초코칩을 넣어 섞는다.
5 ④의 반죽을 사각 모양으로 밀어 김발을 이용해 줄무늬를 낸다.
6 비닐을 씌운 반죽을 냉장고에 넣어 30분 휴지한다.
7 휴지가 끝난 반죽을 3×6㎝ 크기로 자른다.
8 자른 반죽은 중앙에 커터로 찍어 모양을 낸다.
9 테두리와 앞면에 달걀흰자를 바르고 황설탕을 뿌린다.
10 165~170℃로 예열한 오븐에서 15~18분 굽는다.

바닐라 사브레

비정제 설탕은 정제 과정을 거치지 않은 설탕으로 일반 백설탕과 달리 갈색을 띠고 있다. 또 미네랄을 비롯한 영양소가 백설탕에 비해 많이 보존되어 있다고 알려져 있다. 더불어 백설탕보다 풍부한 맛을 가지고 있고 자연스러운 갈색을 낼 수 있어 사브레를 만들 때 활용하면 좋다.

기본 재료

박력분 120g
슈가파우더 60g
소금 1g
버터 84g
달걀노른자 16g
바닐라빈 익스트랙 2g
달걀흰자 약간
비정제 설탕 약간

만드는 방법

1 거품기를 이용하여 버터를 부드럽게 풀고 슈가파우더, 소금을 넣어 섞는다.
2 ①에 달걀노른자, 바닐라빈 익스트랙을 넣어 빠르게 섞는다.
3 ②에 박력분을 체에 내려 섞는다.
4 반죽을 사각 모양으로 밀고 비닐을 씌워 냉장고에서 30분간 휴지한다.
5 휴지가 끝난 반죽은 톱니 나이프를 이용해 3×6㎝ 크기로 자른다.
6 자른 반죽의 가장자리는 나뭇잎 모양 커터로, 중앙은 영문 커터로 찍어 모양을 낸다.
7 테두리에 달걀흰자를 바르고 비정제 설탕을 뿌린다.
8 165~170℃로 예열한 오븐에서 15~18분 굽는다.

말차 스노볼

스노볼 쿠키는 겉이 하얀 가루 설탕으로 덮여 있어 마치 눈덩이처럼 보이며, 부드럽고 고소한 맛이 특징이다. 겨울철이나 크리스마스 시즌의 파티 음식으로 인기가 많은 스노볼을 보다 맛있게 만들고 싶다면 호두 전처리 과정이 필요하다. 호두의 풍미를 증진하고 고소한 맛을 더할 수 있기 때문이다. 보다 특별한 맛을 즐기고 싶다면 말차파우더를 추가하길 추천한다. 쌉싸래한 말차의 향과 진한 그린 컬러감이 더해져 색다른 맛과 분위기를 자아낸다.

기본 재료
박력분 90g
아몬드파우더 90g
말차파우더 5g
슈가파우더 45g
소금 1꼬집
버터 90g
구운 호두분태 80g
슈가파우더(코팅용) 50g
말차파우더(코팅용) 5g

만드는 방법

1 호두분태를 끓는 물에 데친 후 170℃로 예열한 오븐에서 6~8분간 구운 뒤 쟁반에 펼쳐 식힌다.
2 거품기를 이용해 버터를 부드럽게 풀어 슈가파우더, 소금 넣어 섞는다.
3 ②에 박력분, 아몬드파우더, 말차파우더를 체에 내려 섞는다.
4 ③에 구운 ①의 호두분태를 넣어 가볍게 섞는다.
5 ④의 반죽을 20g씩 소분해 동그란 모양으로 성형한다.
6 160℃로 예열한 오븐에서 20~25분 굽는다. 이때 색이 나지 않도록 굽는다.
7 슈가파우더 또는 말차파우더를 넣어 섞은 뒤 식힌 쿠키를 넣고 가루를 골고루 묻힌다.
8 쿠키 위에 고운체를 이용해 슈가파우더 또는 말차슈가파우더를 소복하게 뿌린다.

소다 스콘

소다 스콘은 전통적인 영국식 퀵 브레드의 일종이다. 스콘은 영국식과 아일랜드식으로 만들 수 있는데 영국식은 당류가 적게 들어가 대체로 짭짤한 맛이 특징이다. 스콘은 향신료를 비롯해 건포도나 치즈 등을 첨가하기도 한다. 스코틀랜드와 옛 아일랜드에서는 '소다 스콘'이라 불리는 짭짤한 스콘이 인기가 있는데 소다 스콘을 소파 팔(farl)이라고도 한다.

기본 재료

박력분 360g

베이킹소다 11g

설탕 45g

소금 4g

버터 91g

우유 80㎖

달걀 1개

달걀물 약간

만드는 방법

1. 박력분과 베이킹소다를 체에 내린다.
2. ①에 차가운 버터를 넣고 스크레퍼로 다지듯 섞는다.
3. 우유에 달걀과 설탕, 소금을 섞고 설탕과 소금이 녹으면 ②를 넣어 섞고 반죽을 접어 올려 뭉쳐준다.
4. 비닐을 씌운 반죽을 냉장고에 넣어 30분 휴지한다.
5. 휴지가 끝난 반죽을 4cm 두께의 원형으로 만든다.
6. ⑤의 반죽을 6등분으로 자르고 반죽 윗면에 달걀물을 바른다.
7. 180~190℃로 예열한 오븐에 15~20분 굽는다.

토마토 바질 스콘

선드라이드 토마토는 수분을 제거하는 과정을 통해 농축된 토마토의 맛을 즐길 수 있다. 달콤하면서도 새콤한 맛 그리고 강렬한 토마토의 풍미가 느껴진다. 선드라이드 토마토를 올리브오일에 절이면 장기간 보관할 수 있고 스콘과 같은 베이킹을 비롯해 다양한 요리에도 활용이 가능하다.

기본 재료

박력분 230g

베이킹파우더 11g

설탕 64g

소금 2g

버터 100g

생크림 60㎖

바질페스토 30g

선드라이드 토마토 50g

그라나파다노 치즈 약간

달걀물 약간

만드는 방법

1 박력분과 베이킹파우더를 체에 내린다.

2 ①에 차가운 버터와 바질페스토를 넣고 스크레퍼로 다지듯 섞는다.

3 생크림에 설탕, 소금을 넣어 섞고 설탕과 소금이 모두 녹으면 ②에 넣어 섞는다.

4 선드라이드 토마토를 먹기 좋게 썰어 ③에 넣어 가볍게 섞고 비닐을 씌워
　 냉장고에 30분 휴지한다.

5 휴지가 끝난 반죽을 100g씩 둥글게 성형한다.

6 반죽 윗면에 달걀물을 발라준다.

7 180~190℃로 예열한 오븐에 15~20분 굽는다.

8 구운 스콘 위에 그라나파다노 치즈를 뿌린다.

랑그드샤

바삭바삭 부드러운 식감이 특징인 랑그드샤는 프랑스 브르타뉴 지방의 작은 마을 이름에서 유래 되었다. 랑그드샤를 만들 때는 테프론시트에 반죽을 얇게 펴야 바삭한 식감을 즐길 수 있다. 또 오븐에서 구운 뒤 최대한 빨리 말아야 균일한 굵기로 말 수 있다. 랑그드샤는 쿠키 사이에 채워 지는 크림에 따라 다양한 맛을 느낄 수 있다는 것이 매력이다.

판단크림 랑그드샤 재료	초코가나슈 랑그드샤 재료
중력분 30g	중력분 35g
말차파우더 5g	아몬드파우더 30g
아몬드파우더 30g	슈가파우더 75g
슈가파우더 75g	소금 2g
소금 2g	달걀 70g
달걀 70g	버터 50g
버터 50g	초코가나슈 100g
판단크림 100g	판단크림 100g

만드는 방법

1   버터는 중탕으로 녹여서 준비한다.
2   달걀을 푼 뒤 슈가파우더에 소금을 넣어 거품이 일지 않게 섞는다.
3   ②에 중력분, 아몬드파우더, 말차파우더를 체에 내려 섞는다.
    초코가나슈 랑그드샤의 경우에는 말차파우더 대신 초코가나슈를 넣는다.
4   ③에 중탕으로 녹인 ①의 버터를 넣어 섞는다.
5   ④의 반죽을 테프론시트 위에 한 스푼씩 올려 둥글게 편다.
6   170℃로 예열한 오븐에 6~8분 굽는다.
7   오븐에서 꺼낸 쿠키를 식기 전에 젓가락을 이용해 돌돌 만다.
8   쿠키를 식힌 후 판단크림을 양쪽으로 짜 넣는다.

쑥 바나나 머핀

향긋한 쑥과 달콤한 바나나의 맛을 동시에 느낄 수 있는 머핀으로 남녀노소 누구나 좋아할 만한 맛이다. 머핀에 들어가는 바나나는 설탕물에 담가 말려야 색상이 어두워지지 않고 단맛을 더할 수 있다. 바나나를 말릴 때 선풍기를 사용하면 말리는 시간을 단축할 수 있다.

기본 재료
박력쌀가루 120g
쑥가루 10g
베이킹파우더 3g
설탕 100g
소금 2g
달걀 75g
카놀라유 75㎖
바닐라빈 익스트랙 3g
반건조 바나나 2개 분량
콩가루크럼블 약간

콩가루크럼블 재료
박력쌀가루 30g
아몬드파우더 60g
콩가루 45g
땅콩버터 30g
버터 60g
황설탕 30g
소금 1g

만드는 방법
1 민저 바나나를 전처리한다. 바나나는 깍둑썰기 해 설탕물(물 300g : 설탕 50g)에 30분가량 담갔다 채반에 건져 반건조 상태로 말린다.
2 땅콩버터에 버터를 넣어 고루 푼 뒤 황설탕, 소금을 넣어 섞는다. 여기에 아몬드파우더, 박력쌀가루, 콩가루를 넣어 섞어 고슬고슬한 콩가루크럼블을 완성한다.
3 달걀을 거품이 나도록 휘핑한 후 여기에 설탕, 소금, 카놀라유를 넣어 섞는다.
4 ③에 바닐라빈 익스트랙을 넣어 섞는다.
5 ④에 박력쌀가루, 쑥가루, 베이킹파우더를 체에 내려 주걱으로 자르듯이 섞는다.
6 ⑤에 ①의 반건조 바나나를 넣고 날가루가 보이지 않을 때까지 주걱으로 가볍게 섞는다. 이때 반죽을 너무 오래 섞지 않는다.
7 머핀 틀에 반죽을 80% 채우고 ②의 콩가루크럼블을 소복하게 올린다.
8 170℃로 예열한 오븐에 25~30분 굽는다.

오렌지무스 카늘레

프랑스 보르도 지역에서 유래된 이 과자는 럼과 바닐라가 풍부하게 들어갈 뿐 아니라 특별한 구리 틀에 구워져 그 특유의 모양과 질감을 가진다. 구운 후 한 김 식혀 먹는 카늘레(canele)는 겉은 바삭하고 속은 쫀득한 식감이 일품이다. 풍미 가득한 오렌지무스를 더하면 보다 특별한 카늘레를 완성할 수 있다. 다만 오렌지무스의 농도가 지나치게 묽으면 젤라틴 양이 늘어나므로 식감이 좋지 않다. 또한 오렌지무스를 카늘레 위에 올릴 때 많이 흘러내리면 모양이 예쁘지 않으니 주의한다.

기본 재료
강력분 62g
설탕 157g
버터 32g
우유 335㎖
달걀노른자 30g
달걀 50g
바닐라빈 1개
럼 10g
오렌지무스 약간

오렌지무스 재료
오렌지주스 400㎖
오렌지필 40g
판젤라틴 1장

만드는 방법

1 먼저 오렌지무스를 만든다. 팬에 오렌지주스와 오렌지필을 넣어 중약불에서 15분 정도 졸인다. 졸인 재료를 믹서에 곱게 갈아 다시 팬에 붓고 약불에서 졸이다 핀젤라틴을 넣어 섞어 녹인 후 원하는 맛과 향이 나오도록 충분히 끓여 완성한다.
2 우유, 버터 그리고 바닐라빈을 반으로 갈라 속을 긁어 넣은 후 중불에서 80℃가 되면 불을 끄고 35~40℃로 식힌다.
3 강력분, 설탕을 넣어 섞은 후 가운데 홈을 파고 달걀을 넣어 거품기로 섞는다.
4 달걀이 반죽에 완전히 스며들었으면 달걀노른자를 넣어 다시 한 번 섞는다.
5 ④에 ②와 럼을 넣고 빠르게 섞어 반죽을 체에 내린다.
6 ⑤의 반죽을 밀폐 용기에 담아 냉장고에서 하루 정도 숙성시킨다.
7 카늘레 틀에 녹인 버터나 밀랍을 바르고 반죽을 80% 채운다.
8 240℃로 예열한 오븐에 15분 또는 180℃로 예열한 오븐에 50분~1시간 정도 굽는다.
9 구운 카늘레에 ①의 오렌지무스를 올려 장식한다.

오렌지 플로랑탱 리스

플로랑탱(florentine)은 프랑스 남부 지방의 전통적인 크리스마스 디저트다. 크리스마스 케이크를 대신하기 좋은데 아몬드, 설탕, 오렌지필 등을 주재료로 하여 만든 바삭하고 달콤한 맛이 특징이다. 플로랑탱은 보통 아몬드나 다른 견과류를 토핑으로 사용한다.

기본 재료
박력분 112g
아몬드파우더 16g
슈가파우더 22g
소금 1g
버터 72g
오렌지제스트 2g
달걀노른자 12g
오렌지필 적당량
아몬드캐러멜 적당량

오렌지필 재료
물 40㎖
설탕 15g
오렌지필
(오렌지껍질) 60g
럼주 10g

아몬드캐러멜 재료
생크림 30㎖
설탕 60g
물엿 34g
버터 25g
오렌지제스트 8g
오렌지필 30g
아몬드 슬라이스 45g

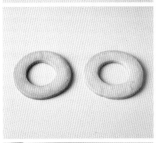

만드는 방법

1 오렌지필을 만든다. 오렌지껍질은 밀가루를 푼 물에 충분히 씻어준다.
   끓인 물에 껍질을 데쳐 속껍질은 벗겨내고 겉껍질만 한 번 더 데친다.
   물과 설탕을 넣고 끓여 시럽이 되면 채 썬 오렌지껍질을 넣는다.
   한 김 끓어오르면 럼주를 넣고 껍질이 투명해질 때까지 끓인다. 한 번에
   많이 만들어놓고 냉동 보관하여 사용하면 편리하다.

2 아몬드캐러멜을 만든다. 오렌지필과 아몬드 슬라이스를 제외한 분량의
   재료를 넣고 중약불로 116℃기 될 때까지 끓인 후 오렌지필과 아몬드
   슬라이스를 넣고 살짝 졸인다.

3 거품기를 이용해 버터와 오렌지제스트를 함께 넣고 부드럽게 풀어
   슈가파우더와 소금을 넣어 섞는다.

4 ③에 달걀노른자를 넣어 빠르게 섞는다.

5 ④에 박력분, 아몬드파우더, 슈가파우더를 체에 내려 섞는다.

6 비닐을 씌운 반죽을 냉장고에 넣어 20분 휴지한다.

7 휴지가 끝난 반죽은 1㎝ 두께로 밀어 10㎝ 지름의 원형 틀로 찍어낸다.
   반죽을 다시 8㎝ 지름의 원형 틀로 가운데를 찍어 링 모양을 만든다.

8 180℃로 예열한 오븐에 12~15분 정도 굽는다.

9 구워진 링 쿠키 위에 ②의 아몬드캐러멜을 올린다. 이때 캐러멜이 굳기
   쉬우므로 뜨거운 물에 중탕해가며 사용한다.

딸기 생크림 전병 케이크

전병은 한국의 전통적인 간식이지만 생크림과 과일을 얹어 바삭하고 부드러우면서 달콤한 팬케이크 같은 느낌으로 연출해 보았다. 전통과 현대가 어우러진 독특한 디저트로 전병의 중간 중간 올라가는 생크림은 높게 짜야 딸기를 올렸을 때 단이 낮아지지 않아 모양이 예쁘다.

기본 재료
박력분 30g
아몬드파우더 60g
달걀흰자 120g
슈가파우더 90g
바닐라빈 익스트랙 3g
버터 60g

전병 장식 재료
생크림 200㎖
판단시럽 적당량
생딸기 적당량

만드는 방법

1 버터는 중탕으로 녹여 준비한다. 이때 버터의 온도는 60℃가 넘지 않도록 한다.
2 달걀흰자, 슈가파우더를 거품이 일지 않게 푼다.
3 ②에 박력분, 아몬드파우더를 체에 내려 섞는다.
4 ③에 중탕한 ①의 버터와 바닐라빈 익스트랙을 넣어 섞는다.
5 비닐을 씌운 반죽을 냉장고에 넣어 20분간 휴지한다.
6 휴지가 끝난 반죽을 테프론시트 위에 한 스푼 올려 둥글게 편다.
7 ⑥을 170℃로 예열한 오븐에 7~10분 굽는다.
8 생크림을 거품기로 단단하게 휘핑하고 판단시럽을 넣어 섞는다.
9 짜주머니에 원형깍지를 끼우고 ⑧의 생크림을 담는다.
10 ⑦의 전병을 2장 겹쳐 올리고 그 위에 ⑨의 생크림을 짠다.
   다시 전병을 얹고 생크림 짜기를 세 번 정도 반복한다.
11 삼각형 모양으로 자른 생딸기를 올려 장식하고 슈가파우더를 솔솔 뿌린다.

유자밤만쥬

동글동글한 밤 모양의 만쥬는 귀여운 모양으로 웃음 짓게 되는 디저트 중 하나다. 달콤한 앙금 맛으로 먹는 만쥬지만 다소 밋밋할 수 있어 유자 당절임을 넣어 향긋함을 더했다. 만쥬를 성형할 때는 두 손가락을 이용하여 동그란 반죽 양쪽을 눌러 삼각형 모양을 만든 뒤 각진 부분은 손으로 둥글게 잡아준다.

기본 재료

박력분 240g
베이킹파우더 5g
설탕 144g
소금 2g
물엿·연유 14g씩
달걀 108g
버터 12g
유자앙금 950g
밀크초콜릿 100g
참깨 약간
달걀물 약간

유자앙금 재료

백앙금 900g
유자껍질 50g
설탕 약간
소금 1꼬집

만드는 방법

1. 유자앙금을 만든다. 유자는 속을 제거하고 껍질만 가늘게 채 썰어 설탕과 소금을 뿌린다. 1시간 후 유자의 물기를 빼고 곱게 다진 후 백앙금과 섞은 유자앙금은 30g씩 소분하여 동그란 모양으로 만든다.
2. 달걀을 풀어 설탕, 소금, 물엿, 연유, 버터를 넣고 중탕으로 녹여가며 섞은 후 30℃로 식힌다.
3. ②에 박력분, 베이킹파우더를 체에 내려 넣고 섞는다.
4. 반죽은 모아놨을 때 살짝 퍼지는 정도로 ③에 덧가루(박력분)를 넣어가며 농도를 맞춘다.
5. 반죽을 13g씩 소분하여 둥글려 마르지 않도록 비닐을 덮어둔다.
6. ⑤의 반죽에 ①의 유자앙금을 넣어 감싼 뒤 밤 모양으로 성형한다.
7. ⑥에 분무기로 물을 뿌린 뒤 달걀물을 바른다.
8. 180℃로 예열한 오븐에 13~15분 굽는다.
9. 중탕으로 녹인 초콜릿을 만쥬의 아래 부분에 바르고 깨를 솔솔 뿌려 완성한다.

마카오식 에그타르트

에그타르트는 부드러운 커스터드 필링과 바삭한 페이스트리가 조화를 이루는 디저트다. 에그타르트의 유래는 포르투갈의 파스텔 데 나타(Pastel de Nata)로 거슬러 올라가 18세기에 리스본 근처의 벨렘(Belem) 지역의 수도원에서 처음 만들어졌다. 이후 포르투갈의 식민지였던 마카오를 통해 에그타르트는 아시아로 전파되었고, 특히 홍콩에서 큰 인기를 얻었다. 마카오식 에그타르트는 겉은 바삭한 페이스트리로 유명하고, 홍콩식 에그타르트는 더 부드러운 페이스트리를 만드는 것이 특징이다.

파이지 재료	필링 재료
중력분 230g	달걀노른자 4개 분량
설탕 27g	생크림 150㎖
소금 2g	우유 135㎖
차가운 버터 180g	설탕 50g
우유(찬 것) 110㎖	바닐라빈 1개
	소금 약간

만드는 방법

1 먼저 필링을 만든다. 볼에 생크림, 우유, 설탕, 소금을 넣고 섞어 약불에서 데운다. 여기에 달걀노른자에 바닐라빈을 반으로 갈라 긁어 조금씩 넣어가며 골고루 섞어 필링을 만든 뒤 체에 한 번 내린다.

2 파이지를 만든다. 중력분늘 제에 내려 차가운 버터를 넣고 스트레이퍼로 다지듯 섞는다.

3 찬 우유에 소금, 설탕을 녹인 후 ②에 넣어 섞어 반죽한다.

4 반죽을 눌러 펼치고 반씩 잘라 위로 올리는 과정을 2번 반복하여 유지의 결을 살린다.

5 비닐을 씌운 반죽을 냉장고에 넣어 30분 휴지한다.

6 휴지시킨 반죽을 40g씩 3㎝ 두께로 밀어 편다. 이때 덧가루 사용을 최소화하여 반죽이 질겨지는 것을 방지한다.

7 반죽을 머핀 팬에 올린 후 틀 바닥 면과 옆면의 민나는 부분을 눌러 공기를 제거한 후 테두리 모양을 잡고 바닥은 포크로 구멍을 낸다.

8 ⑦ 위에 ①의 필링을 80~90% 차도록 넣는다.

9 180~185℃로 예열한 오븐에 30~35분 굽는다.

진저&커피 마카롱

최초의 마카롱은 필링 없이 꼬끄만 먹었으나, 나중에 프랑스의 한 제과점에서 크림을 사이에 넣어 판매하면서 오늘날의 마카롱으로 발전하게 되었다. 요즘 마카롱은 다양한 색깔과 맛으로 전 세계 적으로 사랑받는 디저트가 되었다. 특히 진저크림 마카롱은 생강의 향을 덧입혀 고급스러운 맛을 더했다.

진저크림 재료
설탕 40g
물 19g
달걀흰자 28g
슈가파우더 17g
버터 140g
생강청 20g
생강가루 1g

커피가나슈 재료
생크림 80g
화이트 초콜릿 90g
버터 10g
커피에센스 8g

꼬끄 재료
달걀흰자 150g
이나겔 C300 2g
건조흰자 4g
설탕 a 16g
설탕 b 56g
아몬드가루 168g
슈가파우더 210g
색소 적당량

만드는 방법

1 진저크림을 만든다. 냄비에 설탕, 물을 넣고 120℃가 될 때까지 끓여 시럽을 만든다.
    달걀흰자, 슈가파우더를 넣고 휘핑하여 머랭을 만든다. 이때 시럽을 조금씩 넣어가며 휘핑한다. 실온에 둔 버터를 넣고 휘핑한 뒤 생강청, 생강가루를 넣어 고루 섞어 완성한다.

2 커피가나슈를 만든다. 따뜻하게 데운 생크림에 화이트 초콜릿을 넣고 녹인다. 버터, 커피에센스를 넣고 섞어 완성한다.

3 달걀흰자, 이나겔 C300, 건조흰자, 설탕 a를 한데 넣고 휘핑한다.

4 고운 흰자 거품이 올라오면 설탕 b를 3회 나눠가면서 넣어 뿔이 생길 때까지 휘핑한다. 색소를 넣을 경우 휘핑이 끝나기 전에 넣어 색을 낸다.

5 ④에 아몬드가루와 슈가파우더를 체에 내려 넣고 가루가 보이지 않게 부드럽게 섞는다.

6 주걱으로 볼 옆면에 반죽을 펼쳐 붙였다 눌러가며 다시 모으기를 반복한 뒤 짜주머니에 담는다. 이때 반죽은 주걱으로 들었을 때 V자 모양으로 떨어질 때까지 마카로나주 한다.

7 테프론시트에 ⑥의 반죽을 3~4㎝ 지름의 원형으로 짜 30분에서 1시간 정도 실온에서 꼬끄 표면이 손으로 만졌을 때 묻어나지 않는 정도로 건조시킨다.

8 160℃로 예열한 후 오븐의 온도를 150℃로 낮춰 12~15분 굽는다.

9 ①과 ②의 크림을 각각 짜주머니에 넣어 꼬끄 한쪽 면에 짜고 다시 꼬끄로 덮는다.

옥수수 다쿠아즈

폭신하면서도 가벼운 다쿠아즈에 옥수수를 넣어 톡톡 터지는 식감을 더한 옥수수 다쿠아즈다.
다쿠아즈는 보통 가운데 샌드하는 필링에 따라 다양한 맛을 더할 수 있다. 대개는 버터크림을
샌드하는 레시피가 대표적이지만 가나슈 등을 샌드해도 색다른 맛을 느낄 수 있다.

기본 재료	옥수수버터크림 재료
달걀흰자 80g	달걀노른자 30g
이나겔 C300 1g	물 18g
흰자난백가루 2g	설탕 50g
설탕 24g	버터 100g
아몬드가루 48g	마스카포네치즈 40g
슈가파우더 40g	소금 1g
박력분 10g	구운 옥수수 30g
옥수수알 30g	
옥수수버터크림 적당량	

만드는 방법

1 옥수수를 굽는다. 옥수수에 설탕을 넣어 30분 절인 후 오븐팬에 담아 180℃에서
   5분 정도 굽는다. 또는 팬에 굽는다.

2 옥수수버터크림을 만든다. 냄비에 물, 설탕을 넣고 120℃가 될 때까지 끓인다.
   달걀노른자에 120℃의 시럽을 조금씩 넣어가며 휘핑한다.
   버터를 넣고 섞은 뒤 마스카포네치즈, 소금, ①의 구운 옥수수를 넣어 섞어
   완성한 옥수수버터크림을 짜주머니에 담는다.

3 달걀흰자와 이나겔, 흰자난백가루를 넣어 휘핑한다. 고운 거품이 생기기
   시작하면 설탕을 3회 나눠 넣어가며 거품이 단단해지고 뿔이 생기도록 휘핑한다.

4 아몬드가루, 슈가파우더, 박력분을 2번 체에 내려 ③에 넣고 가볍게 섞어
   짜주머니에 담는다.

5 오븐팬에 테프론시트를 깔고 분무기로 물을 뿌려놓은 다쿠아즈 틀을 올린다.

6 틀에 ④의 반죽을 가득 짠 뒤 스크래퍼를 이용해 윗면을 가볍게 깎는다.

7 틀을 제거하고 반죽 윗면에 구운 옥수수 3~5알 정도를 올린 후 슈가파우더를
   2회 정도 뿌린다.

8 190℃로 예열한 오븐에 13~15분 굽는다.

9 구운 다쿠아즈를 식혀 한쪽 밑면에 ②의 옥수수버터크림을 짠 뒤 또 다른
   다쿠아즈를 올려 가볍게 눌러준다.

애플 고구마 슈

슈(Choux)는 프랑스어로 양배추라는 뜻으로, 슈크림 (Choux à la crème)이 양배추 모양과 닮은 것에서 유래 되었다. 본래 슈는 오븐에 구웠을 때 속이 빈 작은 빵 모양을 하고 있으나 이 '애플 고구마 슈'는 슈가 부풀지 않도록 하고 속을 눌러 작은 그릇처럼 활용했다. 고구마 크림을 넉넉하게 넣고 상큼한 사과조림을 더해 커피나 우유를 곁들이면 훌륭한 한 끼 식사가 된다. 고구마의 달큰함에 사과향을 입힌 조합으로 맛과 향이 좋은 것은 물론이다.

슈 재료

물 45g

우유 45g

버터 40g

소금 2g

설탕 2g

밀가루(중력분) 50g

달걀 80g

사과조림 재료

사과 2개

설탕 적당량

시나몬 스틱 1개

사과술 1큰술

소금 약간

고구마크림 재료

고구마 300g

생크림 400g

설탕 20g

소금 약간

만드는 방법

1 사과조림을 만든다. 사과는 두께 0.7㎝ 사방 2㎝ 크기로
네모지게 썰어 옅은 소금물에 담가 갈변을 방지한다. 사과의
물기를 빼고 설탕을 뿌린 후 30분 정도 절여 체에 밭쳐 물기를
충분히 제거한다. 냄비에 사과와 설탕, 시나몬 스틱, 사과술을 넣고
센 불에서 수분이 날아가고 투명해질 때까지 졸인다.
냉장 보관할 경우 물기를 제거한다.

2 고구마크림을 만든다. 고구마는 삶아 껍질을 제거한 뒤
믹서에 곱게 간다. 생크림에 설탕을 넣어 단단해질 때까지
휘핑한다. 믹서에 간 고구마와 휘핑한 생크림을 합쳐 소금을 넣고
고루 섞어 완성한다.

3 냄비에 물, 우유, 버터, 소금, 설탕을 넣어 끓이고 기포가 올라오면
불을 끈다.

4 ③에 체에 내린 중력분을 넣고 반죽에 열기가 고루 스며들도록
주걱으로 섞은 뒤 다시 약불에서 바닥에 얇은 막이 생길 때까지
호화(젤라틴화)시킨다.

5 ④의 반죽이 60℃가 될 때까지 식힌 다음 달걀을 풀어
조금씩 나누어가며 넣어 선는다 이때 반죽은 고무 주걱으로
반죽을 들어올렸을 때 뚝뚝 떨어질 정도면 된다.
반죽의 농도는 곱게 푼 달걀로 조절한다.

6 짜주머니에 ⑤의 반죽을 담아 타르트 틀에 18g씩 짜 넣는다.

7 ⑥을 오븐팬에 담아 테프론시트로 덮은 후 180℃로 예열한
오븐에 넣고 170℃로 낮춰 50~55분 굽는다.

8 ⑦의 슈를 실온에서 완전히 식힌 후 테두리에 칼집을 내어 눌러준다.

9 ⑧에 ②의 고구마크림을 소복히 올린 후 ①의 사과조림을 올려
마무리한다.

제빵류

소박하지만 어디서나 인기 있는 소금빵부터 한 끼 식사로도 충분한 새우 넣은 데니쉬까지.
만들기 쉽고 맛있는 빵만 모았다.

완두콩 잎새빵

남녀노소 누구나 좋아하는 단팥빵을 살짝 변형하여 만든 빵이다. 칼로리는 기존의 단팥빵에 비해 낮추고 초록완두콩으로 맛과 영양을 더했다.

기본 재료
강력분 175g
박력분 30g
우유 100g
달걀 30g
설탕 24g
물엿 5g
소금 4g
이스트 4g
버터 30g
완두앙금 300g
완두콩배기 30g
달걀물 약간

완두콩배기 재료
완두콩 60g
설탕 15g
소금 약간

만드는 방법

1 완두콩배기를 만든다. 완두콩은 끓는 물에 소금을 넣고 10분 정도 삶아
   찬물에 헹궈 물기를 제거한다. 팬에 완두콩과 설탕, 물을 넣고 중약불에서
   주걱으로 천천히 뒤적이며 졸여 완성한다.

2 강력분, 박력분, 우유, 달걀, 설탕, 물엿, 소금, 이스트를 넣고 반죽해
   한 덩어리로 뭉친다.

3 ②에 버터를 넣고 매끈하고 탄력이 생길 때까지 반죽한다.

4 ③의 반죽을 볼에 담아 비닐로 덮어 발효기에 넣어 반죽 부피가 2배가 되도록
   40~50분 1차 발효를 한다.

5 발효시킨 반죽을 50g씩 소분하여 둥글리기해 비닐을 덮어 실온에서
   15~20분 중간 발효를 한다.

6 완두앙금 50g과 만들어놓은 완두콩배기 5g을 섞어 둥글게 성형한다.

7 ⑤의 반죽에 ⑥의 완두앙금을 올려 감싼다.

8 바닥에 덧가루를 뿌리고 ⑦의 반죽을 올려 잎새 모양으로 밀어준다.

9 ⑧에 칼로 잎맥 모양으로 자른 뒤 달걀물을 바른다.

10 ⑨를 발효기에서 45~50분 2차 발효를 한다.

11 180℃로 예열한 오븐에 12~15분 굽는다.

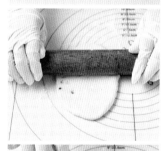

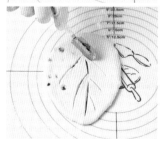

홍감자크림치즈빵

붉은색 껍질 때문에 작은 고구마처럼 보이기도 하는 홍감자는 고구마처럼 당도가 높고 일반 감자보다 더 부드럽고 포슬포슬하다. 보통 6월 중순에서 7월 초까지 수확하는데 수확 시기가 매우 짧아 초여름에 계절 빵으로 즐기기에 좋다. 무엇보다 버터나 설탕 없이 통밀로 만들어 바게트처럼 바삭하고 고소한 맛이 특징이다.

기본재료	크림치즈 재료
통밀가루 90g	크림치즈 120g
강력분 120g	설탕 12g
소금·조청 5g씩	소금 약간
드라이이스트 4g	
물 150g	
홍감자 9개	
베이컨 200g	
크림치즈 120g	
설탕·소금·흑후추 약간씩	
올리브유·로즈마리 적당량씩	

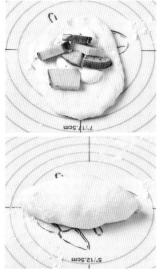

만드는 방법

1 홍감자는 두께 0.7㎝ 사방 2㎝ 크기로 네모지게 썰어 엷은 소금물에 담근다.
2 ①을 건져 키친타월로 물기를 제거한 후 올리브유, 소금, 흑후추, 로즈마리를 넣어 고루 섞는다.
3 분량의 재료를 섞어 크림치즈를 만든다.
4 마른 팬에 베이컨을 구워 기름을 뺀다.
5 통밀가루와 강력분, 소금, 드라이이스트, 조청, 물을 넣고 매끈하고 탄력이 생길 때까지 반죽한다.
6 ⑤를 비닐로 덮어 발효기에 넣어 반죽의 부피가 2배가 될 때까지 45~50분 1차 발효를 한다.
7 ⑥을 60g씩 소분해 둥글리기를 한 후 비닐로 덮어 실온에서 15~20분 정도 중간 발효를 한다.
8 반죽을 밀대로 타원형 모양으로 밀고 ③의 크림치즈와 ②의 홍감자를 적당량 올려 3단으로 접어 럭비공 모양으로 말아준다.

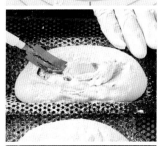

9 ⑧의 반죽을 바게트 틀에 담아 발효기에 넣어 45~50분 2차 발효를 한다.
10 반죽 위에 밀가루를 체에 내려 뿌린 뒤 가운데 부분을 칼로 쿠프를 내고 쿠프 부분을 넓게 펼쳐 홍감자와 베이컨을 소복하게 올린다.
11 240℃로 예열한 오븐에 넣고 230℃로 낮춰 15분 굽다가 210℃로 낮춰 13분간 더 굽는다.

찰떡 품은 소보로빵

찹쌀소를 품고 있어 쫀득한 식감과 소보로의 고소
함을 동시에 느낄 수 있다. 아이들은 물론 어르신들
도 좋아하는 남녀노소 누구에게나 인기 있는 빵 중
하나다.

기본 재료

강력분 170g
중력분 30g
소금 3g
버터 27g
탈지분유 3g
달걀 23g
설탕 24g
이스트 3g
물 70g
찹쌀소·완두배기·소보로 적당량씩
팥앙금 320g

찹쌀소 재료

건식 찹쌀가루 90g
설탕 20g
소금 2g
뜨거운 물 50g
완두콩배기 30g

완두콩배기 재료

완누콩 60g
설탕 15g
소금 약간

소보루 재료

중력분 150g
설탕 90g
버터 97g
달걀 15g
물엿 15g
탈지분유 5g
베이킹파우더 3g
소금 1.5g

만드는 방법

1 소보루를 만든다. 거품기를 이용하여 버터를 부드럽게 풀어
   설탕, 물엿, 소금을 넣어 고루 섞는다. 이후 달걀을 넣어 거품기로
   섞어 크림화한다. 이때 지나치게 섞으면 소보로가 질어질 수 있다.
   재료 중 가루 류는 모두 체에 내린 뒤 크림에 가볍게 섞어 소보루
   토핑을 완성한다.

2 완두콩배기를 만든다. 완두콩은 끓는 물에 소금을 넣고
   10분 정도 삶아 찬물에 헹궈 물기를 제거한다. 팬에 완두콩과
   설탕, 물을 넣고 중약불에서 주걱으로 천천히 뒤적이며 졸여
   완성한다.

3 찹쌀소를 만든다. 찹쌀가루를 뜨거운 물로 익반죽하여 잘 치대고
   ②의 완두콩배기를 넣어준다.

4 기본 재료 중 버터, 찹쌀소, 완두배기, 소보로, 팥앙금을 제외한
   가루 류를 섞어 한 덩어리가 되면 버터를 넣고 매끈하고 탄력이
   생길 때까지 반죽한다.

5 ④를 비닐로 덮어 발효기에 넣어 반죽의 부피가 2배가 될 때까지
   40~45분 정도 1차 발효를 한다.

6 ⑤를 50g씩 소분해 둥글리기를 한 후 비닐로 덮어 실온에
   15~20분 정도 중간 발효를 한다.

7 팥앙금은 40g씩, 찹쌀소는 25g씩 소분한다.

8 팥앙금을 눌러 펴고 그 안에 찹쌀소를 넣고 감싸 둥근 모양으로
   성형한다.

9 ⑥의 반죽을 펴 ⑧을 올려 꼼꼼하게 감싸준다.

10 바닥에 ①의 소보루를 깐다

11 ⑨의 반죽 윗면에 물을 묻힌 뒤 ⑩의 소보루를 눌러가며 찍어
   가루를 묻혀준다.

12 ⑪을 비닐로 덮어 발효기에서 30~35분 2차 발효를 한다.

13 180℃로 예열한 오븐에서 찹쌀소가 충분히 익도록 15~18분
   굽는다.

바질 소금빵

풍미 가득한 버터와 매력적인 바질 향이 어우러져 한 번 맛보면 손을 뗄 수 없는 빵이다. 직접 만들어 먹어보면 시판되는 소금빵을 잊게 만드는 맛이다. 소금빵 위에 얹은 바질은 생략해도 되지만 함께 먹으면 향긋함이 배가된다.

기본 재료

강력분 310g

프랑스 밀가루 156g

탈지분유 20g

설탕 38g

소금 10g

버터(반죽용) 38g

드라이이스트 7g

물 276g

바질페스토 약간

충전 버터(충전용) 110g

펄소금 약간

바질 약간

만드는 방법

1 빵 속에 넣을 충전용 버터는 10g씩 소분한다.

2 버터를 제외한 모든 가루 재료를 섞어 한 덩어리가 되면
   버터를 넣고 매끈하고 탄력이 생길 때까지 반죽한다.

3 ②를 비닐로 덮어 발효기에 넣어 반죽의 부피가 2배가 될 때까지
   40~45분 1차 발효를 한다.

4 ③을 80g씩 소분해 둥글리기 한 후 비닐로 덮어 실온에서
   15~20분 정도 중간 발효를 한다.

5 반죽을 손바닥으로 눌러 못 모양으로 성형해 밀대로 길쭉한
   삼각형 모양으로 민다.

6 ⑤의 반죽에 바질페스토를 넣고 버터를 올려 만다.

7 ⑥을 발효기에 넣어 40~45분 2차 발효를 한다.

8 빵 위에 펄소금을 뿌린다.

9 210℃로 예열한 오븐을 200℃로 낮춰 10~12분 굽는다.

10 물기 없는 바질을 채 썰어 온도를 높인 기름에 빠르게 튀겨
    소금을 약간 뿌린다.

11 중탕한 버터를 ⑨의 소금빵에 바르고 튀긴 바질을 올린다.

파넬라 크리스피 비스킷

흔히 누룽지 과자로 불리는 크리스피 비스킷은 고소한 맛과 바삭한 식감이 누룽지와 비슷하다.
파넬라는 비정제 설탕으로 만들어 정제 설탕보다 단맛이 부드럽고 특유의 향과 깊은 맛으로
크리스피 비스킷의 맛을 업그레이드시켜 준다. 바삭한 식감과 고소한 맛이 금방 사라지지 않는
비스킷으로 한 번에 넉넉하게 만들어 조금씩 꺼내 먹기 좋다.

기본 재료

우리밀 168g

멀티그레인파우더 32g

설탕 5g

소금 1g

버터 5g

이스트 1g

물 90g

통들깨 약간

아몬드 슬라이스 약간

버터 약간

파넬라 설탕 약간

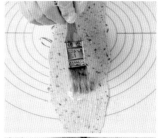

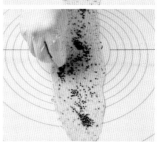

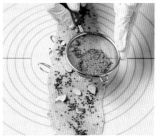

만드는 방법

1 통들깨, 아몬드 슬라이스, 버터, 파넬라 설탕을 제외한 모든 재료를 섞어
   한 덩어리로 매끄러워질 때까지 반죽한다.
2 반죽을 30g씩 소분해 둥글리기하고 비닐로 덮어 실온에서 10분 정도
   중간 발효를 한다.
3 반죽을 길쭉한 모양이 되도록 얇게 밀어 성형한다. 밀어 펴기를 할 때는
   휴지를 주면서 작업해야 잘 밀어진다.
4 반죽에 중탕한 버터를 붓으로 골고루 바른다.
5 ④에 통들깨와 아몬드 슬라이스를 올리고 그 위에 파넬라 설탕을 골고루
   뿌린다.
6 200℃로 예열한 오븐을 190℃로 낮춰 12~15분 굽는다.

쉬림프 차이브 데니쉬

데니쉬 페이스트리는 19세기 덴마크에서 비엔나 제
빵사들에 의해 처음 만들어진 빵이다. 이름의 유래
는 '덴마크의'를 뜻하는 '데니쉬(danish)'와 '유지로
결을 .내어 바삭하게 구운 빵'을 뜻하는 '페이스트리
(pastry)'를 합쳐 '덴마크의 페이스트리'라는 의미를
가지고 있다. 이 쉬림프 차이브 데니쉬는 고소한 페
이스트리와 새우의 단맛, 차이브의 향이 어우러진
풍미 있는 빵이다. 식사 대용은 물론 홈파티나 케이
터링 용도로도 적합하다.

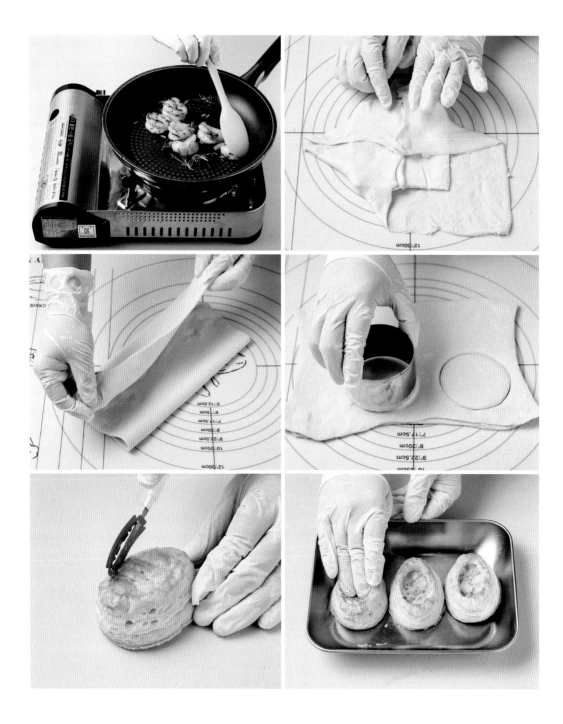

데니쉬 재료

강력분 160g

박력분 40g

이스트 6g

소금 4g

설탕 30g

탈지분유 6g

달걀 30g

버터(반죽용) 20g

물 90g

버터(충전용) 120g

차이브 적당량

새우 양념 재료

냉동새우 12마리(대)

사과술 2큰술

생와사비 ¼큰술

마요네즈 2큰술

소금 1꼬집,

굵은 흑후추 ¼작은술

로즈마리 약간

구운 양파 1개 분량

다진 차이브 10g

만드는 방법

1 새우를 손질해 양념한다. 냉동 상태의 새우에 사과술을 뿌려 해동시킨 후 키친타월로 물기를 제거한다.

2 양파는 사방 1㎝ 길이로 네모지게 썰어 마른 팬에 소금을 약간 뿌려 굽는다.

3 팬에 새우와 후춧가루, 소금, 로즈마리, 다진 차이브를 넣어 굽는다.

4 볼에 ②, ③, 마요네즈, 생와사비, 후춧가루를 넣어 섞는다.

5 데니쉬를 만든다. 버터를 제외한 모든 재료를 넣어 한 덩어리가 되면 버터를 넣고 매끈하고 탄력이 생길 때까지 반죽한다.

6 반죽을 얇은 두께의 사각으로 밀어 비닐에 싸 냉장고에 넣어 30분 휴지한다.

7 휴지가 끝난 반죽을 두께가 고르고 모서리가 직각인 정사각형으로 밀어 편다.

8 ⑦에 충전용 버터를 올려 감싼 뒤 반죽을 밀어 편다.

9 밀어 편 반죽을 3겹 접기를 3회 반복한다. 이때 매회 덧가루를 제거하고 냉장고에서 20~30분 휴지한다.

10 ⑨의 반죽을 두 겹이 되도록 포개고 지름 9㎝의 원형틀로 찍어 오븐팬에 올린다.

11 ⑩을 비닐로 덮어 발효기에 넣어 반죽의 부피가 1.5~2배가 될 때까지 30~40분 발효한다.

12 200℃로 예열한 오븐에 10분 굽는다.

13 구운 빵 위에 원형 칼집을 내고 가운데를 눌러 ④의 양념한 새우를 넣는다.

14 ⑬을 200℃로 예열한 오븐에 5분 굽는다.

15 구운 빵에 차이브를 듬뿍 뿌린다.

케이크 & 기타

다소 어려워도 예쁘고 나만의 개성이 있는 케이크를 만들어 보자.
사랑스런 디자인의 초코볼과 세상에서 가장 맛있는 솔티드캐러멜도
꼭 만들어 보길 권한다.

크리스마스 미니 쌀 케이크

작지만 크리스마스 분위기를 물씬 느낄 수 있는 특별한 케이크를 소개한다. 만드는 과정이 다소 어렵게 느낄 수 있으나 순서대로 따라 하다 보면 아기자기하고 귀여운 케이크를 큰 어려움 없이 완성할 수 있다. 쌀로 만들어 칼로리를 낮추고 속도 편안한 것은 물론 크기를 용도에 따라 얼마든지 변형 가능한 것도 장점이다. 장식 역시 제약이 없어 나만의 개성 있는 케이크를 만들 수 있다.

기본 재료
박력쌀가루 98g
아몬드파우더 30g
베이킹파우더 2g
설탕 55g, 꿀 30g
소금 1g, 버터 25g
우유 30㎖, 달걀 1개
화이트 초콜릿 200g
캐러멜사탕·파스티아주
반죽 적당량씩
크리스마스 초 외 장식물

캐러멜사탕 재료
설탕 100g, 물 35㎖
바닐라빈 익스트랙 1g

파스티아주 반죽
(나뭇잎 반죽) 재료
슈가파우더 100g
레몬즙 4g
판 젤라틴 1장(2g)
색소 약간

만드는 방법

1 캐러멜사탕을 만든다. 냄비에 설탕과 물, 바닐라빈 익스트렉을 넣고 중불로 설탕이 완전히 녹을 때까지 팬을 돌려가며 끓인다. 원하는 농도의 색이 나오면 원형 실리콘 틀에 부어 굳힌다.

2 파스티아주 반죽을 만든다. 판 젤리틴을 찬물에 불린다. 불린 젤라틴과 레몬즙을 섞어 중탕해서 녹인다. 슈가파우더를 넣어 저속의 핸드믹서로 섞는다. 반죽의 농도는 물과 슈가파우더로 조절하되 만져보아 말랑한 정도가 좋다. 반죽에 원하는 컬러의 색소를 넣은 후 나뭇잎 틀로 찍어 2~3시간 실온에서 말려 완성한다.

3 버터와 우유는 각각 중탕한다.

4 달걀을 풀고 설탕, 소금, 꿀을 넣어 섞는다.

5 ④에 박력쌀가루, 아몬드파우더, 베이킹파우더를 체에 내려 섞은 뒤 중탕한 ③의 버터를 넣고 반죽이 매끄러워지도록 섞는다.

6 ⑤에 중탕한 ③의 우유를 넣어 약간 흐를 정도가 되도록 반죽의 농도를 조절한다.

7 반죽을 냉장고에 넣어 30분 휴지한다.

8 9㎝ 원형틀에 반죽이 넘치지 않도록 틀 높이의 절반 정도만 차게 반죽을 짜 넣는다.

9 170℃로 예열한 오븐에 15~20분 굽는다.

10 케이크 시트 위 부분을 중탕한 화이트 초콜릿에 묻혀 디핑한다.

11 캐러멜사탕, 파스티아주 나뭇잎, 크리스마스 장식품 등으로 케이크를 꾸민다.

라즈베리 케이크

라즈베리 특유의 아름다운 레드 컬러를 고스란히 담아낸 케이크로, 작지만 고급스러워 특별한 날의 디저트로 추천할 만하다. 디자인도 아름답지만 라즈베리콩피를 케이크 사이사이에 발라 상큼한 맛이 뛰어나 고기나 생선 요리를 먹고 난 후에 입가심 디저트로 좋다.

기본 재료	라즈베리콩피 재료
버터 150g	라즈베리퓌레 300g
아몬드파우더 180g	설탕 66g
슈가파우더 140g	팩틴 7g
달걀 225g	젤라틴 6g
라즈베리콩피 적당량	라임주스 21g
생크랜베리·석류 약간씩	꿀 1큰술

만드는 방법

1 라즈베리콩피를 만든다. 냄비에 라즈베리퓌레를 넣고 거품기로 저어 뭉침 없이 끓이다 설탕과 팩틴을 섞은 것을 넣고 97℃가 되도록 끓인다. 이때 끓기 시작한 후 바로 약불로 줄이면 온도가 올라가지 않으므로 주의한다. 찬물에 담가 불린 젤라틴은 건져 물기를 제거한다. 라즈벨리퓌레의 불을 끈 후 젤라틴, 라임주스, 꿀을 넣고 섞어 완성한다.

2 케이크 시트를 만든다. 거품기를 이용하여 버터를 부드럽게 푼다.

3 ②에 아몬드파우더와 슈가파우더를 체에 내려 넣고 거품기로 섞는다.

4 ③에 푼 달걀을 나누어 넣고 거품기로 섞는다.

5 32×26㎝ 크기의 철판에 ④를 올려 평평하게 팬닝한다.

6 150℃로 예열한 오븐에 15분 굽는다.

7 구운 시트는 식혀 같은 크기로 6등분 한다.

8 자른 시트 위에 ①의 라즈베리콩피를 균일하게 발라 쌓는다.

9 완성된 케이크를 원하는 크기로 자르고 크랜베리와 석류로 장식한다.

오페라 케이크

오페라 케이크의 얇게 구운 비스퀴 조콩드 시트는
아몬드파우더가 많이 함유되어 촉촉하고 고소한 맛이
특징이다. 고소하고 달콤해 커피와 잘 어우러지는
케이크다. 크림 외에 긴 막대 장식의 초콜릿까지 원
하는 색으로 만들어 장식하면 나만의 특별한 케이크
를 완성할 수 있다.

비스퀴 조콩드 재료

아몬드파우더 130g
슈가파우더 130g
달걀 150g
달걀흰자 75g
설탕 10g
박력분 20g
녹인 버터 20g
커피버터크림·초콜릿 가나슈 적당량씩
커피시럽·초콜릿 프로스팅 적당량씩

커피버터크림 재료

설탕 120g
에스프레소 42g
달걀노른자 2개 분량
버터 215g

초콜릿 가나슈 재료

다크초콜릿 100g
우유 60g
버터 24g

커피시럽 재료

물 160g
선탕 48g
에스프레소 40g
럼 16g

초콜릿 프로스팅 재료

다크초콜릿 120g
뽀도씨유 10g

막대초콜릿 재료

밀크초콜릿 50g
화이트 초콜릿 20g
빨대

컬러 생크림 재료

생크림 100g
설탕 10g
색소 약간

만드는 방법

1 커피버터크림을 만든다. 냄비에 설탕과 에스프레소를 넣어 118℃까지 끓이다 달걀노른자를 넣고 휘핑한 후 버터를 넣어 다시 휘핑한다.

2 초콜릿 가나슈를 만든다. 냄비에 우유를 넣고 끓이다 다크초콜릿을 넣어 완벽하게 녹인 후 불을 끄고 버터를 넣어 식힌다.

3 커피시럽을 만든다. 물과 설탕, 에스프레소를 넣고 끓이다 럼을 넣고 불을 끈다.

4 초콜릿 프로스팅을 만든다. 다크초콜릿을 중탕하여 녹인 후 포도씨유를 넣어 섞는다.

5 막대초콜릿을 만든다. 밀크초콜릿과 화이트 초콜릿을 중탕하여 녹인 뒤 반으로 자른 빨대에 흘려 넣어 굳혀 조심스럽게 뺀다.

6 컬러 생크림을 만든다. 생크림과 설탕을 거품기로 휘핑하고 원하는 색소를 넣어 색상을 더한다.

7 비스퀴 조콩드를 만든다. 달걀을 휘핑하다 아몬드파우더와 슈가파우더를 체에 내려 넣어 거품기로 섞는다.

8 달걀흰자와 설탕을 한데 섞어 거품기로 휘핑하여 단단한 머랭을 만든다.

9 ⑦에 ⑧을 반씩 나누어 섞은 뒤 박력분을 체에 내려 넣어 다시 섞는다.

10 ⑨에 중탕으로 녹인 버터를 넣어 섞은 뒤 종이호일을 깐 철판에 담아 반죽을 평평하게 펼친다.

11 180℃로 예열한 오븐에 10~12분 구워 안전히 식으면 같은 크기로 3등분한다.

12 3등분한 조콩드 비스킷 중 한 개는 위 부분에 ③의 커피시럽과 ①의 커피버터크림을 차례대로 바른다.

13 다른 한 개는 위아래 모두 커피시럽을 바르고 ⑫ 위에 올린 뒤 ②의 초콜릿 가나슈를 골고루 바른다.

14 마지막 조콩드 비스킷은 위아래 모두 커피시럽을 바른 뒤 ⑬ 위에 올리고 위에 커피버터크림을 골고루 바른다.

15 맨 위에는 ④의 초콜릿 프로스팅을 골고루 바른 뒤 4.5×12㎝ 크기로 자른다. 이때 케이크 자르는 칼을 뜨거운 물에 데워 사용하면 단면이 깔끔하게 잘린다.

16 장식을 위해 ⑥의 컬러 생크림을 짜 올리고 ⑤의 초콜릿 막대로 장식한다.

피스타치오 치즈 케이크

오븐을 사용하지 않고 만드는 레어치즈케이크다. 피스타치오 페이스트와 그린 컬러를 더한
화이트 초콜릿 띠로 감싸 입은 물론 눈도 즐거워지는 디저트다. 개인용 디저트 크기로 작게
만들어도 좋고 큰 케이크로 만들어 커피와 함께 내어놓아도 잘 어울린다.

기본 재료

크림치즈 250g
바닐라빈 익스트랙 2g
설탕 125g
레몬즙 10㎖
판젤라틴 6장
생크림 250㎖
피스타치오 페이스트 30g
통밀 쿠키 120g
버터 40g
화이트 초콜릿 150g
색소 약간

만드는 방법

1 통밀 쿠키를 잘게 부셔 중탕한 버터를 넣고 섞는다.
2 지름 9㎝ 원형 틀에 ①의 반죽을 넣어 단단하게 눌러 높이 1㎝ 정도가 되면
   냉장고에 넣어 30분 정도 굳힌다.
3 크림치즈와 설탕을 섞어 부드러워지면 바닐라빈 익스트랙을 넣어 섞는다.
4 찬물에 불린 젤라틴과 레몬즙을 섞어 중탕으로 녹인다.
5 ③에 피스타치오 페이스트를 넣어 섞는다.
6 생크림을 휘핑하여 ⑤에 여러 번 나누어 넣으며 부드럽게 섞는다.
7 ⑥에 ④를 넣어 매끄러워지도록 섞는다.
8 냉장고에서 ②를 꺼내 ⑦의 크림을 올려 채워 다시 냉장고에 넣고
   최소 4시간 이상 굳힌다.
9 화이트 초콜릿을 중탕해 연두색 색소를 넣어 섞는다.
10 아세테이트지를 케이크 둘레만큼 자른 후 ⑨의 초콜릿을 얇게 펼쳐 발라준다.
11 ⑨의 초콜릿을 아세테이트지 위에 과도를 이용하여 나뭇잎 모양을 만든다.
12 ⑧의 굳은 치즈케이크 둘레에 ⑩의 초콜릿 띠를 둘러준다.
13 ⑪의 나뭇잎 모양 초콜릿으로 케이크 윗면의 가장자리를 둘러준다.
14 으깬 피스타치오를 케이크 윗면에 뿌린다.

키위꽃 파블로바

파블로바는 뉴질랜드와 오스트레일리아의 디저트이다. 발레리나 안나 파블로바의 이름을 딴 머랭 기반 양과자로 겉은 바삭바삭하고 속은 부드러운 케이크 형태를 띤다. 보통은 다양한 과일을 얹어 먹는데 생과일의 경우 과자에 수분이 스며들어 모양이 흐트러지기 쉽고 먹기에도 불편하다는 단점이 있다. 이에 살짝 말려 모양을 낸 키위를 올리면 먹기 편한 것은 물론 한층 아름다워 보인다. 크리스마스와 같이 특별한 날이라면 파블로바 밑에 쿠키를 깔고 올리면 보다 보기 좋고 다채로운 맛을 즐길 수 있다.

기본 재료

달걀흰자 70g

설탕 100g

레몬즙 1작은술

바닐라빈 익스트랙 1작은술

옥수수전분 2작은술

생크림 100g

마스카포네치즈 20g

설탕 12g

말린 키위꽃 적당량

레드벨벳쿠키 적당량

레드벨벳쿠키 재료

중력분 135g

코코아가루 15g

홍국쌀가루 18g

설탕 110g

달걀 1개

소금 1꼬집

버터 100g

베이킹파우더 4g

만드는 방법

1 레드벨벳쿠키를 만든다. 거품기로 버터를 부드럽게 풀어준 후
   설탕과 소금을 나눠가며 넣는다. 달걀을 넣고 거품기로
   크림화시킨 후 중력분, 코코아가루, 홍국쌀가루, 베이킹파우더를
   체에 내려 섞고 50g씩 소분하여 둥글게 뭉친다. 170℃로 예열한
   오븐에 12~15분 굽는다.

2 크림을 만든다. 마스카포네치즈를 부드럽게 푼 다음 생크림에
   설탕을 넣어 휘핑한 것을 넣어 부드럽게 섞는다. 이때 색소를
   약간 넣어 원하는 색으로 만들어도 좋다.

3 키위꽃을 만든다. 키위는 껍질을 제거해 얇게 슬라이스한 후
   데프론시트를 깐 오븐팬에 올린다. 90℃로 예열한 오븐에
   15분 구운 후 원형볼몰드를 뒤집고 키위를 올린 후 80℃로 2시간
   말리듯 굽는다.

4 달걀흰자를 고운 거품이 나도록 휘핑한 후 설탕을 3회 나눠
   넣어가며 휘핑한다.

5 ④에 레몬즙, 바닐라빈 익스트랙을 넣고 휘핑한다.

6 ⑤에 체에 친 옥수수전분을 넣고 주걱으로 섞는다.

7 짜주머니에 깍지를 끼워 ⑥의 반죽을 넣는다.

8 오븐팬에 테프론시트를 깔고 ⑦의 반죽을 모양 잡아 짠 후
   숟가락으로 위에 홈을 내준다.

9 120℃로 예열한 오븐에 10분 굽고 100℃로 낮춰 1시간 더
   굽는다.

10 ①의 레드벨벳쿠키 위에 구운 ⑨의 파블로바를 올리고,
    파블로바 위에 ②의 크림을 짜주머니에 담아 짜주고
    ③의 말린 키위를 올려 장식한다.

누가 몽텔리마르

프랑스 몽텔리마르시의 지역 향토 과자로 견과류를 많이 넣어 고소하면서도 달콤한 맛이 난다.
견과류의 바삭한 식감과 누가의 부드러움이 적절하게 어우러진 디저트로 꿀을 넣어 풍미를 더
했다. 커피와 어우러지는 디저트이며 소포장해 판매하기에도 적합하다.

기본 재료

아몬드 100g

피스타치오 120g

헤이즐넛 40g

캐슈너트 40g

설탕a 300g

물 100g

물엿 95g

꿀 185g

달걀흰자 38g

설탕b 55g

만드는 방법

1 생 견과류로 준비했을 경우 끓는 소금물에 1분 정도 데친 후
   150℃로 예열한 오븐에서 10분 정도 굽는다.
2 냄비에 설탕a, 물, 물엿을 넣고 150℃가 되도록 끓여 시럽을 만든다.
3 다른 냄비에 꿀을 넣고 120℃가 되도록 끓인다. 이때 시럽과 꿀은
   머랭이 완성되는 동시에 준비한다.
4 볼에 달걀흰자를 넣고 고운 거품이 나도록 휘핑한 뒤 설탕b를 3회 정도
   나눠 넣으며 뿔이 생기도록 휘핑한다.
5 ④에 ③의 꿀을 나눠 넣어가며 휘핑한다.
6 ⑤에 ②의 시럽을 나눠 넣어가며 휘핑한다.
7 ⑥에 ①의 구운 견과류을 넣고 주걱으로 골고루 섞는다.
8 틀에 유산지를 깔고 ⑦을 부어 펼쳐 실온에서 하루 굳힌다.
9 칼에 오일을 바르고 누가 몽텔리마르를 원하는 크기로 자른다.

유자 솔티드 캐러멜

짭조름하면서도 버터와 유자의 풍미가 잘 어우러진 디저트다. 고소하면서도 입 안 가득 퍼지는 버터와 유자의 향기가 매력적인 고급 수제 캐러멜이다. 선물용으로는 물론 카페 판매용으로도 인기가 높다.

기본 재료

생크림 280g

설탕 240g

물엿 20g

꿀 30g

버터 70g

소금 3g

유자건지 30g

만드는 방법

1 유자건지는 다져 놓는다.

2 팬에 설탕, 물엿, 꿀을 넣고 중불에서 옅은 갈색이 나도록 끓이고 불에서 내린다.

3 생크림을 50℃로 데운 뒤 ②에 5회로 나눠가며 넣어 섞는다. 이때 생크림이 끓어 넘치지 않도록 주의한다.

4 ③에 버터, 소금과 ①에 다진 유자를 넣고 중약불에서 125℃가 될 때까지 저어가며 끓인다.

5 틀에 ④를 붓고 냉장고에 넣어 2시간 정도 굳힌다.

헤즐넛 초코볼

부드럽고 고소한 향기의 헤즐럿은 아이스크림, 초콜릿, 쿠키, 커피, 과자를 만들 때 많이 사용한다. 특히 초콜릿과 궁합이 좋은데, 사용하기 전에 노릇하게 구운 뒤 물엿과 시나몬파우더를 넣어 다시 한 번 굽는 전처리 과정이 더해지면 훨씬 맛이 좋아진다.

기본 재료
박력분 120g
옥수수전분 90g
코코아파우더 9g
설탕 33g
소금 1g
버터 100g
달걀 ½개 분량
헤즐넛 80g
밀크초콜릿 200g
시나몬파우더 1g
물엿 6g

만드는 방법
1 팬에 헤즐넛을 올려 약불에서 저어가며 노릇하게 굽다가
   물엿과 시나몬파우더를 넣고 조금 더 굽는다.
2 거품기를 이용하여 버터를 부드럽게 푼다.
3 ②에 설탕, 소금을 넣어 섞은 후 달걀을 넣어 빠르게 섞는다.
4 ③에 박력분, 옥수수전분, 코코아파우더를 체에 내려 섞는다.
5 ④의 반죽을 15g씩 소분하여 ①의 헤즐넛을 반죽 가운데 넣고 성형한다.
6 170℃로 예열한 오븐에 12~15분 굽는다.
7 구운 쿠키를 식힌 후 중탕한 밀크초콜릿에 담가 디핑한다. 이때
   한 번 디핑한 초콜릿 위에 다시 한 번 초콜릿을 흘려주면 윗면이
   매끄럽게 마무리된다.
8 디핑한 초콜릿이 마를 때쯤 초코볼 위에 헤즐넛을 올린다.

한국 디저트 1

떡은 아직도 우리네 기쁜 날이나 슬픈 날에 반드시 내놓는 음식이다.
우리의 떡이 일상에서 더 많이 쓰이기를 바라며 단아함과 사랑스러운 디자인을 더했다.

무지개설기

예부터 돌상이나 백일상에 빠지지 않았던 백설기에 무지개색을 넣어 다른 잔칫상에도 어울리도록 화사함을 입혔다. 색을 넣는 부분은 떡의 흰 부분보다 폭을 좁게 해야 단아함이 살아난다. 또 색을 입힌 쌀가루 위엔 검은 줄이 보여야 떡이 또렷하고 아름다운데, 이때 검은 줄은 멥쌀가루와 흑임자가루를 섞어 켜를 만들어야 서로 잘 붙는다.

청색 재료	황색 재료	흑색 재료
멥쌀가루 100g	멥쌀가루 100g	멥쌀가루 100g
소금 1g	소금 1g	소금 1g
말차가루 약간	단호박가루 1g	코코아가루 약간
물 15g	물 15g	물 15g
설탕 12g	설탕 12g	설탕 12g

적색 재료	백색 재료	켜 재료
멥쌀가루 100g	멥쌀가루 100g	멥쌀가루 45g
소금 1g	소금 1g	흑임자가루 15g
백년초가루 1g	물 15g	물 10g
물 15g	설탕 12g	
설탕 12g		

만드는 방법

1 멥쌀가루에 각각의 천연 가루를 섞고, 분량의 물을 넣어 손으로 비벼 수분이 고루 퍼지게 한다. 이때 물의 양은 쌀의 수분 상태에 따라 조절한다.
2 켜 재료도 ①과 같은 방법으로 물주기를 한다.
3 ①을 백색인 연한 색에서 진한 색으로 차례대로 각각 중간체에 2번씩 내린 후 분량의 설탕을 넣고 가볍게 섞어준다.
4 중간체에 켜 재료도 2번 내린다.
5 찜기에 시루밑을 깔고 설탕을 뿌린다.
6 무스링을 올린 후 흑색 재료(코코아쌀가루)를 넣고 평평하게 한다.
7 ⑥ 위에 체에 내린 ④를 작은 체로 뿌려 켜를 만든다.
8 ⑦ 위에 청색, 적색, 황색, 백색의 쌀가루 순으로 ⑥과 ⑦의 과정을 반복한다.
9 윗면을 스크래퍼로 다듬어 평평하게 만들어 준다.
10 솥의 물이 끓으면 ⑨의 찜기를 올리고 20분 정도 찐 후 5분간 뜸들인다.

토마토동백꽃설기

각 의례 때 많이 사용하는 설기에 토마토로 만든 정과꽃을 올려 쓰임새를 넓혀 봤다. 모양과 색이 아름다워 한 개씩 내어놓아도 손색이 없고 선물용으로도 인기가 많은 떡이다. 초콜릿을 살짝 입혔지만 동백꽃이 주는 단아함으로 인해 전통 디저트의 느낌이 그대로 살아난다.

기본 재료

멥쌀가루 200g

홍국쌀가루 약간

물 30g

설탕 24g

화이트초콜릿(코팅용) 100g

핑크 색소 약간

토마토정과(또는 키위정과) 적당량

만드는 방법

1 토마토정과꽃을 만든다. 꼭지를 딴 방울토마토는 칼집을 내어 끓는 물에 데쳐 껍질을 벗기고 반으로 잘라 설탕을 뿌려 수분을 빼고 씨를 제거한다. 설탕과 물엿을 5:1 비율로 넣어 끓인 시럽에 토마토를 넣고 30분 정도 재운다. 토마토를 체에 밭쳐 시럽을 뺀 뒤 채반에 널어 바람이 잘 통하는 그늘에서 앞뒤로 뒤집어가며 건조한다. 이때 토마토가 너무 바싹 마르지 않고 표면이 꾸덕해질 정도로 말린다. 토마토를 한 장씩 겹쳐 꽃 모양을 만들어 완성한다.

2 멥쌀가루는 두 개의 볼에 나눠 담고 홍국쌀가루의 양을 각각 다르게 넣어 고루 섞는다.

3 잘 섞인 가루에 각각 물 15g을 넣고 손으로 비벼 수분이 고루 퍼지게 한다.

4 ③을 중간체에 2번 내린 후 설탕을 12g씩 넣고 가볍게 섞어준다.

5 모양틀을 준비해 각각의 쌀가루를 그러데이션 모양이 나오도록 번갈아가며 넣는다.

6 찜기에 김이 오르면 모양틀 위에 ⑤를 올리고 20분간 찐다.

7 설기를 찜기에서 꺼내 한 김 식힌다.

8 화이트초콜릿을 중탕으로 녹인 뒤 색소를 넣어 색을 낸다.

9 ⑧의 초콜릿에 ⑦의 설기 윗부분을 살짝 찍듯이 담가 코팅한다.

10 ⑨에 ①의 토마토정과꽃을 꽂아 장식한다.

커피크림치즈설기

커피를 사랑하는 한국인들의 취향에 맞춰 커피로 크림을 만들어 설기에 올린 특별한 떡이다. 은은한 커피 향과 부드러운 치즈설기가 어우러져 한 번 맛보면 자꾸만 찾게 된다. 디저트는 물론 가볍게 먹기 좋은 식사 또는 티 파티의 한입 음식으로 제격이다.

기본 재료
멥쌀가루 200g
소금 2g
마스카포네치즈 30g
설탕 24g
코코아가루 4g
생크림 200g

커피크림 재료
생크림 500g
설탕 125g
에스프레소 120g
커피에센스 약간

만드는 방법

1 커피크림을 만든다. 냄비에 생크림과 설탕을 넣고 뭉근히 끓이다 에스프레소와 커피에센스를 넣어 원하는 농도로 조려 완성한다.
2 마스카포네치즈에 설탕을 넣어 녹인다.
3 멥쌀가루에 소금, 코코아가루를 넣고 고루 섞은 후 중간체에 내린다.
4 ③에 ②를 넣고 고루 비벼 섞은 후 중간체에 한 번 내린다.
5 모양틀을 준비해 ④를 담는다.
6 김이 오르는 찜기에 ⑤의 모양틀을 올리고 20분간 찐다.
7 생크림에 ①의 커피크림을 넣어 휘핑한다.
8 짜주머니에 5발 별깍지를 끼워 ⑦을 담는다.
9 한 김 식힌 ⑥의 치즈설기 위에 ⑧을 짜 장식한다.

단호박크림케이크

일반 설기보다 높이가 높고 모양을 둥글게 만들어 미니 케이크로 활용하기 좋다. 쓰임새에 맞게 장
식할 수 있으며, 단호박이나 고구마 등 다양한 천연재료를 응용해 만들 수 있다. 생일이나 기념일에
큰 케이크가 부담스러울 때 만들어 활용하면 좋다.

기본 재료

멥쌀가루 250g

단호박가루 2g

소금 3g

물 40g

설탕 30g

색소 약간

앙금 적당량

단호박크림 재료

으깬 단호박 70cc

생크림 100g

우유 80g

설탕 12g

소금 약간

만드는 방법

1 단호박크림을 만든다. 단호박은 잘라 씨를 파 내고 찜기에 찐 뒤 껍질을
   제거하고 으깬다. 냄비에 생크림과 우유, 설탕, 소금을 넣고 분량의 반이
   될 때까지 줄이다 으깬 단호박을 넣어 섞어 완성한다.

2 멥쌀가루에 단호박가루, 소금을 넣고 고루 섞은 후 중간체에 한 번 내린다.

3 ②에 물을 넣어 손으로 비벼 수분이 고루 퍼지게 한다.

4 ③을 중간체에 내리고 분량의 설탕을 넣고 섞는다.

5 찜기에 시루밑을 깔고 설탕을 뿌린 후 무스링을 올린다.

6 무스링에 쌀가루를 담고 위를 평평하게 만든다.

7 물솥에 물이 끓으면 찜기를 올리고 25분 찐다.

8 찐 설기를 한 김 식힌 후 짜주머니에 넣은 ①의 단호박크림을 짜 올려
   장식한다.

9 앙금에 그린색 색소를 소량만 넣어 작은 장미송이를 만들어 장식한다.

자색고구마 한입 케이크

천연재료지만 화사한 색감이 돋보이는 자색고구마를 활용해 만든 케이크다. 사이즈는 작지만 색감이 돋보이고 맛 역시 뛰어나 축하 케이크는 물론 디저트로도 손색없다. 케이크 위에 올라가는 콩피는 만들기 다소 번거롭지만 어렵지는 않아 누구나 따라 할 수 있다.

기본 재료	자색고구마 콩피 재료
멥쌀가루 200g	으깬 자색고구마 15g
자색고구마가루 1g	물 35g
소금 2g	설탕 11g
물 30g	팩틴 1g
설탕 24g	젤라틴 1g

만드는 방법

1 자색고구마 콩피를 만든다. 젤라틴은 찬물에 불려 물기를 제거한다.
   냄비에 삶아 으깬 자색고구마와 물을 넣어 끓으면 설탕과 팩틴을
   고루 섞은 것을 넣어 설탕이 녹으면 불린 젤라틴을 넣어 끓인 뒤
   평평한 그릇에 부어 냉장고에서 굳혀 완성한다.
2 멥쌀가루에 자색고구마가루와 소금을 넣고 섞은 후 중간체에 내린다.
3 ②에 물을 넣고 손으로 비벼 수분이 고루 퍼지게 한다.
4 ③을 중간체에 내리고 분량의 설탕을 넣고 고루 섞는다.
5 찜기에 시루밑을 깔고 설탕을 뿌린 후 무스링을 올린다.
6 무스링에 쌀가루를 고루 담고 위를 평평하게 한다.
7 물솥에 물이 끓으면 ⑥의 찜기를 올리고 25분 정도 찐다.
8 한 김 식힌 자색고구마설기 위에 ①의 굳힌 자색고구마 콩피를 크기에 맞게
   잘라 올리고 정과꽃 등으로 장식한다.

코코넛삼색경단

재료도 간단하고 쉽게 만들 수 있으면서 쓰임새가 많은 떡이다. 코코넛가루가 가지고 있는 특유의 색감 때문에 보통 경단보다 색이 진해야 하므로 색을 낼 때 천연 가루를 충분히 넣는 것이 좋다. 또 코코넛가루는 갈아서 바로 사용하면 기름이 나와 엉겨 경단에 고루 묻힐 수 없으니 그늘에 말려 기름기를 뺀 후 사용한다.

기본 재료	하늘색 재료
코코넛가루 적당량	찹쌀가루 100g
시럽(설탕 1 : 물 1)	청치자가루 약간
적당량	소금 1g
	물 15g
핑크색 재료	설탕 12g
찹쌀가루 100g	
백년초가루 6g	**갈색 재료**
소금 1g	찹쌀가루 100g
뜨거운 물 15g	코코아가루 6g
설탕 12g	소금 1g
	물 15g
	설탕 12g

만드는 방법

1 코코넛가루는 믹서에 갈아 기름이 빠지도록 키친타월에 올려 바람이 잘 통하는 그늘에서 말린다.

2 냄비에 설탕과 물을 1:1 비율로 넣고 타지 않게 저어가며 끓여 냉장고에 하루 정도 두어 차갑게 만든다.

3 찹쌀가루에 각각의 천연 가루를 섞고 중간체에 내린다.

4 소금을 녹인 뜨거운 물로 체에 내린 가루들을 각각 익반죽한다.

5 ④의 색반죽을 16g씩 소분하여 둥글게 빚는다.

6 끓는 물에 빚은 ⑤의 반죽을 색상별로 넣어 떠오르면 1분 정도 두었다가 건져 차가운 시럽에 담가 식힌다.

7 시럽에서 건져낸 경단은 코코넛가루에 굴려 담아낸다.

고구마오색경단

단맛이 풍부한 고구마가 주재료로 설탕 없이도 충분히 단맛이 나는 건강한 떡이다. 카스텔라에 색색의 천연재료를 더해 색감도 아름답고 영양까지 높여 맛, 모양을 모두 만족시킨 디저트다. 또한 고구마의 달콤한 향과 부드러운 카스텔라의 조합이 잘 어우러져 인기가 많다.

기본 재료

찹쌀가루 50g

고구마 150g

물 3g

소금 1꼬집

설탕 약간

초록색 재료

카스텔라 75g

말차가루 1g

주황색 재료

카스텔라 75g

홍국쌀가루 1g

보라색 재료

카스텔라 75g

자색고구마가루 1g

분홍색 재료

카스텔라 75g

백년초가루 6g

노랑색 재료

카스텔라 75g

(또는 시판

바나나카스텔라가루)

만드는 방법

1 고구마는 껍질을 벗기고 1㎝ 두께로 자른 뒤 설탕물에
   잠시 담가둔다.

2 카스텔라는 각각의 천연색 가루를 넣고 믹서에 갈아 오색 가루를
   준비한다.

3 찹쌀가루에 물과 소금을 넣고 고루 섞은 뒤 중간체에 한 번
   내린다.

4 김이 오른 찜기에 ①의 고구마를 넣고 5분 정도 지나면
   ③의 찹쌀가루를 넣고 15분 정도 더 찐다.

5 ④의 고구마와 익은 찹쌀가루를 섞어 치댄 후 16g씩 소분하여
   둥글게 빚는다.

6 ⑤의 경단을 ②의 색색의 고물을 묻혀 담아낸다.

장미화전

장미의 화사한 색과 향을 입혀 격식이 느껴지는 떡이다. 장미화전은 뜨거운 기름에 지져 만들다 보니 반죽이 늘어져 모양 잡기가 힘들다. 예쁜 모양의 화전을 만들려면 익반죽하여 모양을 만든 후 냉장고에 넣어 반죽의 온도를 차게 해서 지지면 된다. 반죽을 지질 때에는 꽃잎이 올라갈 윗면을 먼저 지진다. 그래야 색이 맑고 예쁘다. 또한 기름을 넉넉히 두르고 지져야 한다.

장미꽃 페이스트 재료

장미꽃잎 50g
소금 1작은술
설탕 3큰술

화전 재료

찹쌀가루 300g
장식용 장미꽃잎 20장
장미 페이스트 2큰술
소금 1꼬집
설탕 약간

만드는 방법

1 장미꽃 페이스트를 만든다. 장미꽃은 흐르는 물에 깨끗이 씻은 후
   옅은 소금물에 담가 꽃잎이 상처가 난 정도로 주물러 씻어 장미꽃잎의
   쓸쓸한 맛을 빼준다. 그래야 페이스트의 색이 예쁘게 나온다.
   수분을 따라 버린 후 설탕을 넣어 꽃잎이 으깨지도록 주무르고
   30분간 두었다가 믹서에 곱게 간 것을 약불에 뭉근히 졸여 완성한다.
2 곱게 빻은 찹쌀가루에 소금 1꼬집을 넣어 골고루 섞고 뜨거운 상태의
   ①의 페이스트를 넣어 익반죽한다.
3 반죽을 원하는 크기로 소분해 모양을 만든다.
4 성형한 반죽은 냉장고에 넣어 수분이 마르도록 아무것도 덮지 않은 상태로
   2시간 정도 둔다.
5 식용유를 넉넉히 두른 팬에 ④의 반죽을 올리고 약불로 앞뒤로 지져낸다.
6 화전이 익어 색이 투명해지면 불을 끄고 장미잎을 올려 모양을 낸다.
7 설탕을 뿌린 접시에 화전을 올려 기름기를 제거한다.

꽃말이화전

꽃잎만 올리지 않고 제철에 나오는 채소와 꽃을 듬뿍 넣고 말아 만든 화전이다. 모양이 아름다워
화전 하나만으로도 귀한 대접을 받는 느낌이 들게 한다.

기본 재료
찹쌀가루 300g
소금 3g
뜨거운 물 45g
설탕 45g
천연색 가루 약간
식용꽃 약간
녹두소 적당량

녹두소 재료
거피하여 찐 녹두 50g
녹두앙금 25g
소금 1꼬집

만드는 방법

1 녹두고물과 앙금, 소금 1꼬집을 넣고 섞어 녹두소를 만든다.
2 찹쌀가루에 원하는 색가루와 분량의 소금을 넣고 분량의 뜨거운 물을
   나눠 부어 익반죽한다.
3 ②의 반죽을 도톰한 두께로 12×7㎝ 크기의 직사각형 모양으로 만든다.
4 ③의 성형한 반죽은 냉동실에 넣어 얼린다.
5 식용유를 넉넉히 두른 팬에 ④의 해동되지 않은 성형 반죽을 올려 약불에서
   지져낸다.
6 화전을 반대편으로 뒤집어 약불에서 한 번 더 익히고 설탕을 뿌린 접시 위에
   두어 기름을 제거한다.
7 기름기가 제거되는 사이 작업대에 랩을 깔고 그 위에 식용 꽃을 보기 좋게
   배치한다.
8 ⑦에 ⑥의 기름을 제거한 화전을 올리고 적당한 크기의 소를 그 위에
   놓고 만 뒤 랩으로 감쌌다가 먹기 전에 랩을 제거한다.

수수부꾸미

국가자격증 시험에도 나오고 재래시장에 가면 아직도 인기 있는 떡이다. 고소하고 담백한 맛이
매력인 수수부꾸미는 냉동실에 가루만 만들어놓으면 언제든 쉽게 만들 수 있다. 팥소 외에 시판
슈크림을 넣어주면 아이들도 아주 잘 먹는다.

기본 재료

찰수수가루 150g
찹쌀가루 50g
소금 2g
뜨거운 물 30g
팥소 100g
대추 약간
쑥갓 잎 약간
식용유 적당량

만드는 방법

1 찰수수가루를 만든다. 찰수수는 깨끗하게 씻어 찬물에 6시간 이상 불리고
  물기를 빼 분쇄기에 곱게 갈아 소분해 냉동 보관해가며 사용한다.
2 분량의 찰수수가루에 찹쌀가루, 소금을 넣고 고루 섞는다.
3 ②를 뜨거운 물로 익반죽하고 23g씩 소분해 지름 약 7㎝ 정도로
  둥글납작하게 빚는다.
4 팥소는 10g씩 소분해 둥글납작하게 빚는다.
5 대추는 씨를 발라 버리고 돌돌 말아 꽃 모양으로 만들어 얇게 썬다.
6 쑥갓 잎은 작은 잎으로 떼어 찬물에 씻어 물기를 제거한다.
7 팬에 식용유를 두르고 ③의 반죽을 앞뒤로 지진 다음 ④의 소를 넣고 반으로
  접는다.
8 수수부꾸미에 대추꽃과 쑥갓 잎을 올려 장식한다.

전통 송편

송편의 맛은 쫄깃한 송편피와 그 안에 숨어 있는 다양한 소에 있다. 데친 쑥과 깨로 소를 만들어 달콤하고 짭조름하면서도 쑥향을 가득 품은 전통 송편은 추석의 분위기를 한껏 높여준다. 봄에 나오는 여린 쑥을 데쳐서 냉동 보관해 놓으면 일 년 내내 쑥향 가득한 송편을 즐길 수 있다.

흰떡 재료	쑥떡 재료	소 재료
멥쌀가루 150g	멥쌀가루 150g	데친 쑥 100g
소금 2g	소금 2g	곱게 간 깨 50g
뜨거운 물 60g	뜨거운 물 60g	설탕 25g
참기름 약간	쑥가루 약간	소금 약간
	참기름 약간	

만드는 방법

1 흰떡은 멥쌀가루를, 쑥떡은 멥쌀가루에 쑥가루를 넣어 섞고 체에 한 번 내린다.

2 뜨거운 물에 소금을 녹이고 각각의 떡 재료에 넣어 익반죽하여 15g씩 소분한다.

3 데친 쑥은 짜서 물기를 제거한 후 잘게 다져 깨와 설탕, 소금을 넣고 소를 만든다.

4 ②의 소분한 반죽을 둥글게 빚어 펴고 ③의 소를 넣고 송편 모양을 만든다.

5 김이 오르는 찜기에 송편이 붙지 않게 간격을 두고 올린 후 물이 떨어지지 않도록 찜기 뚜껑 안쪽을 천으로 감싼 상태로 20분 정도 찐다.

6 찜기에서 꺼낸 송편은 선풍기 바람에 한 김 빠르게 식힌 후 참기름을 발라준다.

꽃송편

전통 디저트의 아름다움은 색과 디자인의 절제에서 오는 단아함에 있다. 완두콩 소를 넣어 맛을 더하고 예쁜 꽃잎을 다소곳이 오므려 단아하고 예쁜 송편을 만들어보자.

가운데 송편떡
멥쌀가루 200g
물 40g
소금 2g

꽃잎 절편떡
멥쌀가루 200g
소금 2g
설탕 20g
물 60g

소 재료
완두콩 70g
설탕 20g
소금 1꼬집

천연색 가루
백년초가루·
자색고구마가루·
청치자가루·
단호박가루·
코코아가루 약간씩

만드는 방법

1 소를 만든다. 완두콩은 설탕물에 30분 이상 절인 뒤 물을 따라내고 끓는 소금물에 데친다.

2 송편떡을 만든다. 뜨거운 물에 소금을 녹이고 멥쌀가루에 익반죽한 뒤 16g씩 소분한다. 소분한 반죽에 ①의 완두콩을 넣고 둥글게 빚은 뒤 김이 오르는 찜기에 15분간 찐다.

3 꽃잎 절편떡을 만든다. 멥쌀가루에 소금 넣어 섞은 뒤 가가의 천연색 가루를 섞고 중간체에 한 번 내린다. 여기에 각각 분량의 물을 넣어 손으로 비벼 수분이 고루 퍼지게 한 뒤 김이 오르는 찜기에 색색의 가루들을 주먹쥐기를 해 올리고 15분간 찐다. 각각 부드럽게 치대어 절편 반죽을 만들고 밀대로 얇게 편 뒤 꽃모양틀과 원형틀로 찍어낸다.

4 모양 송편떡을 만든다. 완두콩을 넣고 둥글린 가운데에 들어갈 ②의 송편떡은 마지펜으로 5등분하여 줄을 낸다.

5 원형 절편떡 중앙에 ④의 송편떡을 올리고 마지펜을 이용하여 절편떡을 송편떡에 붙인다.

6 ⑤의 송편에 ③의 꽃잎 절편떡을 붙여 모양을 낸다.

7 송편떡 윗부분에 꽃틀을 이용하여 만든 절편꽃을 맨 위에 올려 완성한다.

8 완성된 송편은 붓으로 참기름을 바른 후 상에 낸다.

포도송이절편

정갈한 흰 떡 바탕에 알알이 포도송이를 쌓아 올려 전통 떡의 기품과 멋을 살린 떡이다. 포도 도장만 준비되면 만들기도 어렵지 않아 특별한 날의 떡으로 추천한다. 또 포도 모양의 떡도장이 없으면 다른 꽃 모양의 도장으로 만들어도 잘 어울린다.

흰색 재료

멥쌀가루 500g

소금 5g

물 150g

설탕 60g

보라색 재료

멥쌀가루 100g

소금 1g

물 20g

설탕 12g

자색고구마가루 1g

연두색 재료

멥쌀가루 100g

소금 1g

물 20g

설탕 12g

청콩가루 1g

소 재료

녹두앙금 200g

(녹두고물 120g+

백앙금 80g)

식용유 약간

만드는 방법

1 멥쌀가루에 소금과 각각이 천연색 가루를 섞고 중간체에 한 번 내린다.

2 ①에 각각 분량의 물을 넣어 손으로 비벼 수분이 고루 퍼지게 한 후 설탕을 섞는다.

3 김이 오르는 찜기에 ②의 색색의 가루들을 주먹쥐기를 해 올리고 15분간 찐다.

4 ③을 각각 부드럽게 치대어 절편 반죽을 한다.

5 녹두고물과 앙금을 고루 섞어 소를 만들고 15g씩 떼어 둥글납작하게 만든다.

6 ④의 절편 반죽 중 흰 반죽을 약 1㎝ 두께로 밀어 가로 10㎝, 세로 7㎝ 크기로 네모지게 자른다.

7 ⑥의 자른 절편 가운데에 녹두앙금소를 넣고 접어 사각형 모양으로 만든다.

8 포도도장에 기름을 바르고 알맹이 부분에는 보라색 절편을, 잎 부분에는 연두색 절편 반죽을 넣어 메운 후 ⑦의 사각 절편에 찍어낸다.

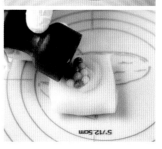

사랑의 편지 절편

좋은 날 기쁜 소식을 전하는 마음으로 내놓는, 사랑스럽고 귀여운 봉투 모양의 절편이다.

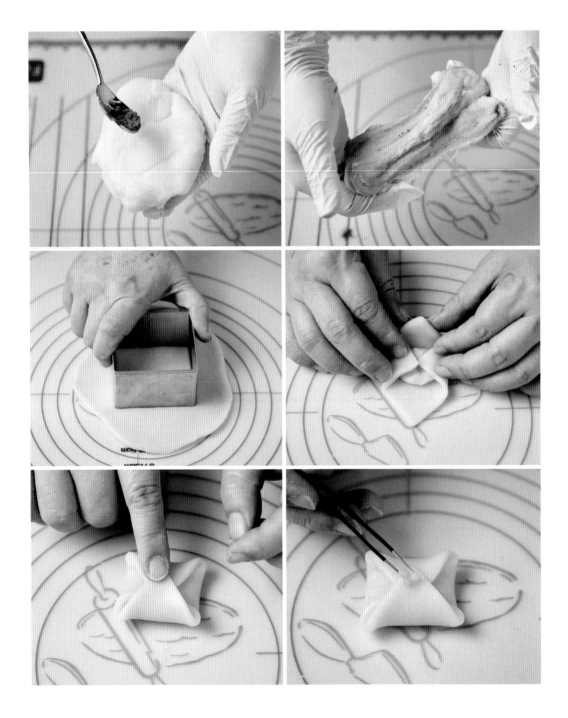

흰색절편 재료

멥쌀가루 200g

소금 2g

물 40g

설탕 20g

분홍색절편 재료

멥쌀가루 200g

소금 2g

물 40g

설탕 20g

백년초가루 1g

소 재료

녹두앙금 100g

(녹두고물 60g + 백앙금 40g)

만드는 방법

1 흰색절편을 만든다. 멥쌀가루에 소금을 넣고 중간체에 한 번
   내린 후 분량의 물을 넣어 손으로 비벼 수분이 고루 퍼지게 한 후
   설탕을 섞는다. 이후 김이 오르는 찜기에 올려 15분간 찐다.

2 분홍색절편을 만든다. ①과 같은 방법으로 흰색절편을 만든 뒤
   백년초가루를 넣어 잘 치대어 색이 나도록 섞는다.

3 흰색과 분홍색 절편 반죽을 얇게 밀어 사방 5㎝의 정사각형
   크기로 자른다.

4 소를 만든다. 녹두고물과 앙금을 고루 섞어 소를 만들고 3g씩
   떼어 둥글납작하게 만든다.

5 ③의 자른 절편 중앙에 ④의 소를 올리고 양쪽 모서리를 오므린다.

6 아래쪽 부분을 위로 올린 뒤 위쪽 부분을 아래로 내려 봉투
   모양을 잡는다.

7 봉투 모양의 떡 위에 원하는 색 구슬을 만들어 올린다. 색 구슬은
   작은 양의 반죽으로 충분하므로 ①의 흰색절편 반죽을 조금 따로
   두었다가 천연가루를 섞어 색을 내어 작고 둥글게 만들면 된다.

말이절편

단아한 한식 디저트의 멋을 간직하면서도 소를 넣어 한층 더 맛있는 절편이다. 단아함을 유지할 수 있도록 너무 많은 색을 사용하지 않고 색감 역시 지나치게 짙어지지 않도록 주의한다.

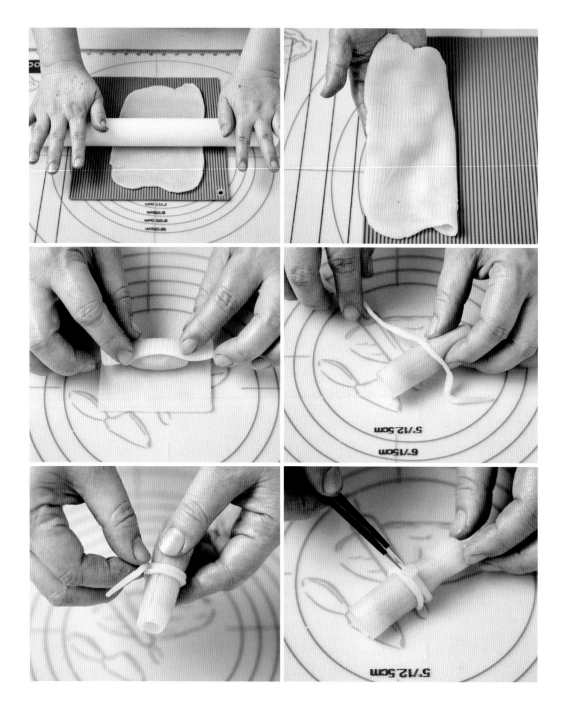

분홍색 재료

멥쌀가루 200g

소금 2g

물 40g

설탕 24g

백년초가루 1g

하늘색 재료

멥쌀가루 200g

소금 2g

물 40g

설탕 24g

청치자가루 약간

소 재료

녹두앙금 100g

(녹두고물 60g + 백앙금 40g)

만드는 방법

1 멥쌀가루에 소금과 각각의 천연색 가루를 섞고 중간체에
한 번 내린다.

2 ①에 각각 분량의 물을 넣어 손으로 비벼 수분이 고루 퍼지게
한 후 설탕을 섞는다.

3 김이 오르는 찜기에 ②의 색색의 가루들을 주먹쥐기를 해 올리고
15분간 찐다.

4 ③을 각각 부드럽게 치대어 절편 반죽을 만든다.

5 녹두고물과 앙금을 고루 섞어 소를 만들고 10g씩 떼어
긴 타원형으로 만들어놓는다.

6 ④의 반죽을 밀대로 밀어 펴준 뒤 김발 위에 올리고 다시 한 번
밀어 김발 주름이 찍히도록 한다.

7 ⑥의 주름이 생긴 절편 반죽을 사방 7㎝의 정사각형으로 자른다.

8 ⑦의 사각 절편에 ⑤의 소를 넣고 김밥 말듯이 돌돌 만다.

9 색을 낸 절편 반죽을 얇고 길게 밀어 띠를 만들어 ⑧에 두르고
꽃 모양의 절편 등을 올려 장식한다.

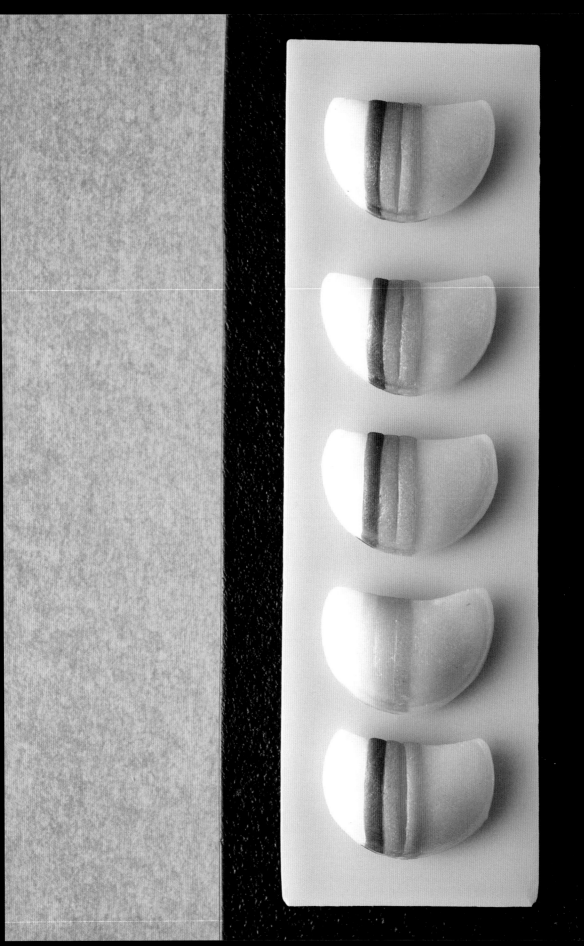

색동개피떡(바람떡)

만들기도 쉽고 맛도 친숙하지만 판매용이나 각종 수업용으로 빠지지 않는 떡이다. 시간이 지나면
반죽이 질기고 탄성이 없어져 모양을 빚기 힘들다. 때문에 반죽을 평소보다 약간 질게 하고, 찐 반죽
은 찜기에서 식지 않게 면보로 덮어놓고 떡을 만들어야 한다.

겉피 재료

멥쌀가루 150g

소금 2g

물 30g

3가지 색 색동용 절편

(청콩가루·백년초가루·

코코아가루) 50g씩

소 재료

녹두고물 100g

앙금 50g

소금 1꼬집

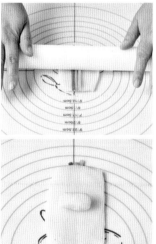

만드는 방법

1   멥쌀가루의 절반은 연핑크로 사용하고 나머지는 각각의 색가루를 넣어
    섞은 후 물을 넣어 손으로 비벼 수분이 고루 퍼지게 한 뒤 중간체에
    한 번 내린다.

2   찜기에 시루밑을 깔고 색이 섞이지 않게 놓고 찐다.

3   녹두고물과 앙금, 소금을 넣고 잘 섞어 소를 만든다.

4   잘 쪄진 절편 반죽은 부드럽게 치댄다.

5   각각의 색 절편은 가늘게 띠를 만든다.

6   연핑크 절편을 적당한 크기로 소분하고 도톰한 두께로 민다.

7   ⑥의 절편에 색띠를 올리고 다시 평평하게 밀어준다.

8   ⑦ 위에 ③의 소를 올린 뒤 반 접어 올려 바람떡 틀로 찍어낸다.

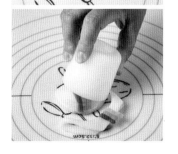

두텁떡

예부터 귀히 여겨지던 두텁떡은 병아리같이 노란 고물을 소복하게 올려야 그 모양과 맛을 제대로 느낄 수 있다. 견과류가 풍부하게 들어가기 때문에 자칫 느끼해질 수 있는 맛을 보완하기 위해 소에 유자 건지를 약간 넣으면 좋다. 또 진간장을 사용하면 맛과 냄새가 좋지 않아 맑은 배간장을 만들어 넣는 것이 포인트다.

기본 재료

찹쌀가루 300g

맑은 배간장 15g

설탕 60g

거피녹두고물 600g

계핏가루 약간

맑은 배간장 재료

배즙 10g

시판 맑은 조선간장 20g

거피녹두고물 재료

거피녹두 600g

소금 6g

소 재료

깐 밤 5개

대추 3알

잣 10g

유자청 건지 20g

녹두고물 30g

만드는 방법

1 녹두고물을 만든다. 거피녹두는 물에 6시간 이상 충분히 불린 뒤 손으로 비벼 남아 있는 껍질을 제거하고 깨끗하게 씻어 채반에 밭쳐 물기를 뺀다. 찜기에 젖은 면보를 깔고 김이 오르면 녹두를 올려 약 40분 정도 찐다. 녹두를 손으로 만져 잘 으깨지면 불을 끄고 소금을 넣어 고루 섞은 뒤 굵은체(얼레미)에 내린다. 마른 팬에 녹두를 볶아 수분을 제거하고 한 김 식힌 뒤 소분하여 냉동 보관해가며 사용한다.

2 소의 재료들을 준비한다. 밤은 속껍질까지 제거하고 작게 썬 뒤 분량의 설탕에 30분 정도 재웠다가 수분을 빼준다. 대추는 꼭지를 제거하고 씨를 발라낸 뒤 사각형 모양으로 자른다. 잣은 잘게 부수고 유자청 건지는 곱게 다진다.

3 분량의 녹두고물에 손질한 ②의 재료들을 모두 섞어 한 덩어리가 되게 뭉친 뒤 8g씩 소분하여 둥글게 빚는다.

4 찹쌀가루에 분량의 재료를 섞어 만든 맑은 배간장을 넣고 고루 비벼 중간체에 내린 뒤 설탕을 넣어 섞는다.

5 찜기에 시루밑을 깔고 ①의 녹두고물에 설탕과 계핏가루를 넣고 고루 섞어 촘촘히 펴 깔고 숟가락으로 ④를 떠 일정한 간격으로 올린다. 이때 움직이지 않도록 조심한다.

6 ⑤ 위에 ③의 소를 올리고 그 위에 다시 ④를 올리는 과정을 반복한다.

7 ⑥ 위에 녹두고물을 숟가락으로 떠서 올려 봉우리를 만든다.

8 김이 오르면 찜기에 담은 ⑦을 올려 20분 쪄낸다.

구름떡

층층의 켜가 만들어내는 무늬가 매력적인 찰떡이다.
은행이나 흑임자, 팥 등으로 얼마든지 다양한 색의
무늬를 낼 수 있다. 구름떡을 만들 때는 상 위에 구름
이 흘러가듯 격조 있는 운치와 여유를 담아내는 것이
중요하다.

기본 재료

찹쌀가루 500g

소금 5g

물 60g

설탕 60g

팥고물 200g

조청물 약간

팥고물 재료

붉은팥 300g

소금 5g

설탕 30g

물 적당량

만드는 방법

1 팥고물을 만든다. 팥은 깨끗이 씻어 냄비에 넣고 물을 넉넉히
   부어 끓이다가 끓어오르면 버리고 다시 물을 넣고 끓인다. 이때
   일반 해팥은 3배, 묵은 팥은 4배 물을 넣어 끓인다. 팥이 잘
   익을 때까지 타지 않도록 젓고 물을 보충해가며 푹 끓인다.
   팥에 물이 약긴 잠길 정도가 되면 계속 저어가며 졸인다. 한 김
   식힌 팥을 굵은체(얼레미)에 두 번 내리고 다시 고운체에 한 번 더
   내린 뒤 설탕과 소금을 넣어 간을 맞춰 고운 팥고물을 완성한다.
   이 때 팥고물이 너무 질면 기름없는 팬에 볶아 수분을 날려준다.

2 찹쌀가루에 소금과 물을 넣고 고루 섞어 중간체에 한 번 내린 후
   설탕을 넣고 가볍게 섞어준다.

3 찜기에 시루밑을 깔고 ②를 주먹쥐기를 해 올리고 김이 오르는
   찜기에 20분 찐다.

4 틀에 비닐을 깔고 ③의 떡을 조금씩 떼어 팥고물을 묻히면서 눌러
   담는다. 이때 중간중간 조청과 물을 섞은 조청물을 분무기에 담아
   뿌려 고물 묻은 떡과 떡이 잘 붙도록 한다.

5 틀에 떡이 꽉 차면 고물을 넉넉히 뿌리고 비닐을 잘 여며
   냉장고에 넣어 굳혀 완성한다.

밥알쑥인절미

쑥이 제철일 때 많이 만들어두면 든든한 한 끼로 제격이다. 담음새에 따라 그 느낌이 달라 손님상은 물론 매장에서도 값이 달라지는 떡이다.

기본 재료

불린 찹쌀 600g

데친 쑥 150g

물 400g

소금 30g

물 1½컵

녹두앙금 약간

녹두앙금 재료

녹두고물 60g

흰앙금 40g

만드는 방법

1   깨끗이 씻어 12시간 정도 불린 찹쌀은 채반에 밭쳐 물기를 뺀다.

2   쑥은 깨끗이 씻어 데친 후 물기를 빼고 곱게 다진다.

3   김이 오른 찜기에 ①과 ②를 올려 40분 정도 찐다. 이때 분량의
    물에 소금을 녹여 소금물을 만든 후 떡을 찌는 중간에 절반을
    떡 위에 뿌려준다.

4   잘 쪄진 ③을 절구에 넣고 밥알이 낱알 싸라기같이 작아질 때까지
    친다. 이때 남은 절반의 소금물 그릇을 옆에 놓고 절구공이에
    묻혀가며 친다.

5   모양틀에 분량의 재료를 섞어 만든 녹두앙금을 넣어 모양을 잡고
    그 위에 잘 쳐진 ④의 찰떡을 넣어 살짝 눌러 담는다.

6   ⑤를 한 시간가량 굳힌 후 녹두앙금이 위로 가도록 그릇에
    담아낸다.

한국 디저트 2

주전부리는 물론 한정식 코스의 후식으로 내놓아도 좋을 만큼 맛있고
아름다운 한과, 양갱, 과편 그리고 강정류를 소개한다.

개성약과

요즘 젊은이들 사이에서 식감을 표현할 때 겉바속촉이란 말이 대세다. 전통 약과는 튀긴 후 망에 건져 최소한 하루 이상 기름을 충분히 빼주고 즙청을 한 후 다시 망에 건져 즙청한 시럽을 빼주어야 한다. 뜨거울 때 넣으면 기름을 그대로 머금고 있어서 부드러운 것 같은 착각이 들지만 기름의 눅진한 맛이 시간이 지날수록 올라온다. 기름이 많으니 산패 역시 빠르게 진행되어 약과의 맛도 달라진다. 즙청한 시럽 역시 충분히 빼주어야 먹을 때 '너무 달다'라는 거부감이 들지 않는다. 사흘 이상이 걸리지만 이렇게 시간을 가지고 만들어야 겉바속촉의 촉감과 은은한 꿀맛을 느낄 수 있다. 대학에서 전통 디저트를 가르치고 있지만, 학생들에게 전통만을 고수하라 하지 않는다. 그러나 제대로 된 맛을 알아야 변화도 가능하고 발전도 가능하지 않을까 싶어 약과를 만들 때는 늘 강조하는 내용이다. 독자들도 레시피보다 시간에 중점을 두고 느긋하게 한 번 만들어보기 바란다. 한입 먹는 순간 고개를 끄덕이게 될 것이다.

기본 재료

밀가루(중력분) 150g

소금 2g

참기름 28g

꿀 36g

소주 28g

후춧가루 약간

즙청시럽 500g

식용유(튀김용) 적당량

즙청시럽 재료

조청 580g

물 150g

생강 20g

대추 7~8개

시나몬스틱 1개

만드는 방법

1 즙청시럽을 만든다. 냄비에 조청과 물, 생강, 대추, 시나몬스틱을 넣어 끓어오르면 약불로 줄이고 5분 정도 더 뭉근하게 끓인 후 식혀 완성한다.

2 중력분에 소금과 참기름을 넣고 고루 비빈 후 체에 내린다.

3 꿀과 소주를 섞은 후 ②에 나눠가며 부어 젓가락으로 날가루가 보이지 않도록 고루 섞는다.

4 바닥에 비닐을 깔고 ③를 쏟아 한 덩어리가 되게 반죽한다.

5 반죽을 밀대로 밀어 사방 12㎝의 정사각형으로 펼친 후 반으로 잘라 겹쳤다가 다시 한 덩어리를 만든다.

6 ⑤의 과정을 2~3회 반복한 후 밑에 깐 비닐로 감싼 채 30분 휴지한다.

7 휴지가 끝난 반죽은 1㎝ 두께로 밀어 약과틀로 찍어내거나 사방 4㎝ 길이로 네모나게 썰어 꼬치로 찔러 구멍을 내어 속까지 잘 익도록 한다.

8 90℃의 기름에 반죽을 넣고 켜가 충분히 일어나고 반죽이 기름 위로 올라오면 온도를 140℃까지 서서히 올려가며 갈색이 나도록 앞뒤로 튀긴다.

9 너른 쟁반에 신문지를 펼쳐놓고 그 위에 키친타월을 두툼하게 깐 뒤 ⑧의 약과를 올려 2일 정도 기름을 뺀다. 이때 하루에 한두 번 정도 약과를 뒤집어줄 때 키친타월 역시 갈아준다.

10 기름을 완벽하게 제거한 약과는 6시간 정도 즙청하였다가 체에 밭쳐 하루 정도 시럽을 뺀다.

헤이즐넛약과

전통 약과보다 만드는 시간은 조금 줄이고 맛은 더 현대화한 약과이다.

기본 재료

중력분 125g

찹쌀가루 50g

도넛가루 50g

베이킹파우더 2g

달걀 75g

설탕 50g

포도씨유 10g

즙청시럽 재료

조청 200g

헤이즐넛 시럽 280g

물 150g

소금 1꼬집

만드는 방법

1 즙청시럽을 만든다. 냄비에 조청, 헤이즐넛 시럽, 물을 넣고 약불에서 저어가며
   뭉근하게 끓이다 원하는 농도가 나오면 소금을 넣고 잠시 끓인 후 식힌다.

2 중력분, 찹쌀가루, 도넛가루, 베이킹파우더를 한데 고루 섞어 중간체에 한 번
   내린다.

3 달걀에 설탕을 4~5회 나눠 섞는다.

4 ③에 포도씨유를 넣고 저은 후 ②를 넣고 반죽한다.

5 반죽이 잘 뭉쳐졌으면 비닐에 싸 냉장고에 넣어 30분 휴지한다.

6 약과틀에 기름을 바르고 휴지가 끝난 반죽을 17g씩 떼어 넣어 찍어낸다.

7 ⑥의 약과를 꼬치로 구멍을 뚫어 약과가 속까지 잘 튀겨지게 한다.

8 120~130℃로 달군 기름에 ⑦을 넣어 앞뒤로 노릇하게 튀겨낸 뒤 망에 올려
   기름을 빼준다.

9 기름을 뺀 ⑧의 약과는 즙청시럽에 30분 정도 담갔다가 건져낸다.

흑임자다식

흑임자가루와 꿀을 넣어 만든 다식은 달콤하면서도 고소한 맛이 일품인 건강 디저트다. 흑임자다식은 다식판의 글자 부분에 흰 쌀다식 반죽을 더해 마치 검은 비단에 흰 실로 수를 놓은 듯 흑백의 대비만으로도 아름다움을 느낄 수 있는 디저트다.

흑임자다식은 재료는 간단하지만 흑임자의 기름을 빼는 과정이 반드시 필요하다. 기름이 많으면 시간이 지날수록 다식이 부스러지기 쉽고 잘 뭉쳐지지 않는다. 흑임자 찌는 것이 번거로워 선뜻 만들지 못하겠다면 흑임자를 쪄 돌로 눌러 하룻밤 정도 두었다 다음 날 만드는 방법을 권한다. 또 다식 재료를 시중에서 사용하는 슈가파우더, 조청, 꿀을 이용해 각각 만들어 비교해보니 꿀을 넣고 찐 흑임자가 색이 더 까맣고 윤이 난다는 것을 알았다. 무엇보다 꿀이 건강에 이로운 재료이므로 흑임자다식에는 꿀을 사용하는 것이 좋은 것 같다.

꿀 조청 슈가파우더

기본 재료

흑임자가루 300g

소금 15g

물 1큰술

꿀 120g

흰쌀다식용 가루 약간

만드는 방법

1 물 1큰술에 소금과 꿀 70g을 넣고 흑임자가루와 잘 섞는다.

2 김이 오른 찜기에 ①을 올려 30분 정도 찐다.

3 바닥에 기름종이를 깔고 잘 쪄진 흑임자 반죽을 올리고 밀대를 이용해 꾹꾹 눌러가며 기름을 뺀다.

4 ②와 ③의 과정을 한 번 더 반복한다.

5 ④의 흑임자 반죽을 찜기에 올려 ②의 과정을 반복한 후 기름종이에 싸고 베주머니에 넣은 뒤 돌을 올려 기름이 빠지도록 하룻밤 둔다. 이때 시간이 없을 경우 흑임자 반죽을 기름종이로 여러 겹 싸 비닐에 넣어 밟아주면 쉽게 기름을 뺄 수 있다.

6 ⑤의 흑임자를 따뜻할 정도로 10분가량 찐 후 마지막으로 ③의 과정으로 한 번 더 기름을 뺀 뒤 남은 꿀 50g을 넣고 잘 뭉쳐준다

7 흰쌀다식용 가루에 꿀을 넣고 뭉쳐서 다식틀의 무늬 부분을 채우고 나머지 부분은 ⑥의 흑임자 반죽을 넣어 채운 뒤 꾹 눌러 틀에서 꺼낸다.

〈임원경제지〉나 고조리서에서 흑임자를 아홉 번 찌고 아홉 번 말려 다식으로 만들라고 기록되어 있지만 숫자에 너무 매이지 않기를 바란다. 3회 정도만 쪄도 충분히 잘 뭉쳐지고 맛있는 다식을 만들 수 있다. 한국의 다른 전통 디저트가 그렇듯 조금 더 시간과 정성을 요할 뿐이다.

쌀다식

쌀다식은 재료는 물론 만드는 방법도 간단하지만 보기 좋고 먹기도 편해 다과상이나 선물용으로 인기가 많다. 다소 밋밋한 맛이 나는 쌀에 다양한 천연 부재료를 넣어 영양도 높이고 색상도 다양하게 만들 수 있다. 다식 색상에 그러데이션을 주면 훨씬 보기가 좋은데 그러데이션은 부재료인 천연 가루들의 함량을 조절해 손쉽게 만들 수 있다.

다식 반죽 재료
다식용 쌀가루 50g
녹말가루 11g
꿀 21g

흰색 재료
멥쌀가루 100g
물 15g
설탕 12g

분홍색 재료
멥쌀가루 100g
백년초가루 0.3g
물 15g
설탕 12g

노랑색 재료
멥쌀가루 100g
단호박가루 0.6g
물 15g
설탕 12g

연두색 재료
멥쌀가루 100g
청콩가루 0.5g
물 15g
설탕 12g

하늘색 재료
멥쌀가루 100g
청치자가루 약간
물 15g
설탕 12g

초록색 재료
멥쌀가루 100g
녹차가루 2g
물 15g
설탕 12g

보라색 재료
멥쌀가루 100g
자색고구마가루 약간
물 15g,
설탕 12g

다홍색 재료
멥쌀가루 100g
홍국쌀가루 약간
물 15g
설탕 12g

만드는 방법

1 멥쌀가루에 천연색 가루를 각각 넣어 섞은 뒤 분량의 물을 부어 손으로 잘 비벼 체에 한 번 내린 뒤 설탕을 넣고 가볍게 섞는다.

2 김이 오른 찜기에 ①을 올려 약 15분간 반죽이 투명하게 될 때까지 찐다.

3 채반에 ②의 떡을 고루 펼쳐 바람이 잘 통하는 그늘에서 말린다. 또는 식품건조기를 이용해 낮은 온도에서 건조시킨다.

4 잘 건조된 떡은 분쇄기에 갈아 고운체에 밭쳐 거른다.

5 ④의 쌀가루에 녹말가루와 꿀을 넣고 손으로 눌러가며 잘 뭉쳐지도록 반죽한다.

6 다식틀에 기름을 바르고 반죽을 조금씩 떼어 넣은 뒤 꾹꾹 눌러 빈틈없이 박아낸다.

개성주악

개성주악은 현대의 찹쌀도넛과 비슷하지만 다른 것이 있다면 막걸리를 넣어서 맛이 더 부드럽고 소화가 잘된다는 것이다. 다만 주악을 처음 만드는 경우 겉에 꽈리처럼 일어나는 부픔 현상 때문에 어려워하는 이들이 많다. 이는 술을 반죽에 넣으면서 공기가 팽창되기 때문인데, 온도에 맞춰 자주 만들다 보면 요령이 생겨서 매끄러운 주악을 만들 수 있다. 낮은 온도에서 너무 오래 튀기면 주악이 질겨지니 튀길 때 주의해야 한다.

기본 재료	즙청시럽 재료	고명 재료
찹쌀가루 210g	조청 300g	해바라기씨
중력분 55g	물 100g	대추채
설탕 43g	생강 10g	
막걸리 50g		
끓는 물 15g		

만드는 방법

1 즙청시럽을 만든다. 냄비에 조청과 물, 생강을 넣고 끓인 후 식힌다.
2 찹쌀가루와 중력분은 고루 섞어 중간체에 한 번 내리고 설탕을 섞는다.
3 ②에 막걸리를 넣어 섞고 상태를 보면서 끓는 물을 넣는다. 이때 반죽이 질면
   주악이 모양이 주저앉기 때문에 절대 질지 않게 반죽한다.
4 ③이 매끄러운 반죽이 될 때까지 오래 치댄다.
5 ④의 반죽을 15g씩 소분해 동그랗게 만든 다음 젓가락으로 중간 부분을 찔러
   모양을 만든다.
6 120℃의 기름에 넣어 반죽이 떠오르면 모양이 찌그러지지 않도록 자주
   뒤집어주면서 튀긴다.
7 ⑥의 기름을 150℃까지 올려 노릇노릇하게 튀겨낸다. 주악이 식은 후 식감이
   너무 질겨지거나 속이 비어 보이는 경우에는 튀기는 시간이 너무 길어서다.
   이런 경우 낮은 온도에서 시작하지 말고 150℃에서 시작해서 170℃에서 튀겨
   튀기는 시간을 줄여야 실패하지 않는다.
8 기름을 뺀 주악을 즙청시럽에 담갔다가 체에 건져놓고 해바라기씨와
   대추채로 장식한다.

사색타래과

바삭하고 담백한 맛의 전통 과자이다. 기본 타래과가 손에 익으면 멸치나 건새우를 마른 팬에 볶아 가루를 내어 넣어보자. 고소하고 짭조름한 맛이 일품이다. 연세 드신 분들에게 선물용이나 일품 안주로도 손색이 없다. 멸치나 건새우, 파래 등의 가루를 넣을 때는 수분을 약간 더 주어야 한다.

기본 재료

기름(튀김용)·
밀가루(덧가루용)·
물엿 적당량씩

노란색 재료

중력분 100g
단호박가루 3g
소금 1g
물 60g

연두색 재료

중력분 100g
청콩가루 2g
소금 1g
물 53g

분홍색 재료

중력분 100g
백년초가루 1.5g
소금 1g
물 60g

보라색 재료

중력분 100g
자색고구마가루 1g
소금 1g
물 60g

만드는 방법

1 중력분에 각각의 천연색 가루를 섞어 체에 한 번 내린다.
2 ①에 소금과 분량의 물을 섞어 각각 반죽한다.
3 색색의 반죽을 제면기를 이용해 면을 뽑는다.
4 색 반죽은 두 가닥씩 잡아 모양을 만든다.
5 120℃의 기름에 ④를 넣어 튀긴다. 이때 젓가락으로 모양을 잡아
   흐트러지지 않게 한다.
6 기름의 온도를 140℃까지 올려 바삭하게 튀긴다.
7 기름을 뺀 후 물엿을 솔로 바른다. 이때 물엿에 타래과를 담그면
   고운 색이 탁해질 수 있으므로 유의한다.

밤양갱

양갱은 할머니부터 손자 세대까지 아우르는 국민 간식이다. 맛도 좋지만 팥의 다양한 효능까지
누릴 수 있어 양갱은 영원히 간식의 대표 자리를 지킬 것 같다. 인공색소와 한천만을 굳혀 먹기에
부담스러운 시판 양갱과는 비교할 수 없을 정도로 맛있다. 또 팥과 잘 어우러지는 밤을 넣으면
한층 고급스러운 양갱이 된다.

기본 재료
물 400g
한천가루 4g
설탕 120g
팥앙금 200g
물엿 20g
소금 1꼬집
밤 5개

밤소 재료
밤 10개
물 약간
소금 1꼬집
꿀 2큰술
시나몬스틱 약간

만드는 방법

1 밤소를 만든다. 껍질 벗긴 밤은 깨끗이 씻어 냄비에 담고 밤이
   3분의 2 정도 잠기게 물을 붓고 소금 1꼬집, 시나몬스틱 약간, 꿀을 넣고
   뚜껑을 닫은 상태에서 중불로 익혀준다. 이때 물을 너무 많이 붓고 익히면
   밤이 무르고 싱거워 맛이 없다. 밤이 익으면 바로 불을 끄고 체에 건져
   식힌다. 많이 만들어 냉동실에 넣고 조금씩 꺼내 쓰면 좋다.
2 냄비에 물과 한천가루를 넣고 잠시 불린 뒤 끓인다.
3 불을 끄고 소금, 설탕, 팥앙금을 넣고 풀어 고루 섞는다.
4 ③을 주걱으로 바닥을 긁듯이 저으며 15분 이상 타지 않게 뭉근히 끓인다.
   오랜 시간 저어가며 충분히 끓여야 단면도 예쁘고 한천의 양을 줄여
   좋은 식감의 양갱을 만들 수 있다.
5 어느 정도의 점성이 생기면 물엿을 넣고 2분 정도 더 끓인다.
6 ⑤를 틀에 3분의 2 정도 붓고 ①의 밤을 넣은 뒤 나머지를 채워 실온에서
   충분히 식힌 다음 냉장고에서 굳힌다. 이때 실온에서 열기를 충분히 빼야
   양갱의 투명함이 살아난다.

체리과편

과즙을 짜내어 녹두녹말만을 넣고 굳힌 과편은 후세에 이어져야 할 가치 있는 전통 디저트 중 하나다. 오랜 시간 끓이는 과정이 힘들긴 하지만, 차게 식힌 후에도 남아 있는 과일의 향과 맛이 일품이다. 계절 과일을 활용해 만들면 매장에서 판매하기에도 좋다. 과편은 한천 대신 녹말물을 사용하므로 장시간 뭉근히 끓여야 과일 향도 깊어지고 녹말도 차지게 되어 실패 없이 굳힐 수 있다.

기본 재료

체리 200g
물(체리 가는 용) 200g
설탕 40g
꿀 21g
소금 1꼬집
녹말가루 15g
물(녹말물 용) 30g

만드는 방법

1 녹말과 물은 1:2 비율로 넣어 고루 섞어 녹말물을 만든다.
2 체리는 씨를 제거한 후 믹서에 과육과 동량의 물을 넣고 곱게 간다.
3 ②를 약 5분 정도 끓인 뒤 면보에 밭쳐 과즙만 받는다.
4 ③의 즙과 설탕, 소금, ①의 녹말물을 넣어 주걱으로 저어가며 25분 정도
   끓인다.
5 ④의 농도가 되직해지면 꿀을 넣어서 잠시 더 끓인다.
6 틀에 물을 묻힌 뒤 ⑤를 쏟아 굳힌다.
7 과편이 완전히 굳기 전에 체리 꼭지를 꽂아 모양을 완성한다.

격자무늬 깨강정

누구나 맛보면 인정하는 품격 있는 전통 디저트다. 만드는 과정이 섬세함을 요하는 터라 익숙해질 때까지 많은 연습이 필요하지만 일단 배워두면 경쟁력 있는 한과이다. 깨강정은 흔히 거피한 흰깨만을 사용하는데 살짝 볶은 시판 깨도 사용해 보았다. 만드는 과정을 찍은 사진은 흰 거피 깨만을 사용했고, 완성 사진에는 두 가지의 깨로 만든 것을 함께 넣었다. 거피 깨는 색 내기가 수월하고, 볶은 깨는 맛이 훨씬 고소하고 비용적인 측면에서도 경제적이니 상황에 맞게 선택해 사용하면 된다.

기본 재료

김 4장

흰색 재료

흰깨 75g
시럽 60g
생강즙 15g

노란색 재료

흰깨 100g
시럽 80g
생강즙 15g
치자가루 3g

분홍색 재료

흰깨 100g
시럽 80g
생강즙 15g
체리가루 5g

초록색 재료

흰깨 100g
시럽 80g
생강즙 20g
파래가루 5g

시럽 재료

저당 물엿 280g
설탕 170g

만드는 방법

1 시럽을 만든다. 팬에 저당 물엿과 설탕을 넣고 설탕이
   다 녹을 때까지 끓인다. 시럽은 중탕해 농도를 유지하며
   사용한다.

2 깨강정을 만든다. 팬에 생강즙을 넣고 치자가루를 넣어
   색을 만들고 분량의 시럽을 넣고 섞는다. 이때 시럽에 색을 내는
   재료를 먼저 넣으면 잘 풀어지지 않으니 반드시 생강즙에 먼저
   녹인다.

3 흰깨를 넣고 잘 섞어 뭉쳐지면 틀에 부어 사방 20㎝ 크기로
   네모지게 만든 다음 김을 붙인다. 이때 흰깨 반죽이 완벽하게
   한 덩어리가 되면 틀에 부었을 때 깨가 금방 딱딱하게 굳어
   모양을 잡을 수 없으니 주의한다.

4 ②와 ③의 과정으로 분홍색과 초록색도 만들어 ③의 위에
   차례대로 올려 한데 붙인다.

5 ④를 잠시 굳힌 뒤 일정한 간격으로 잘라 김이 가운데로
   모이게 하여 격자무늬를 만들고 김으로 감싸놓는다.

6 다시 팬에 생강즙과 시럽, 흰깨를 넣고 볶은 다음 틀에 부어
   ⑤의 테두리의 길이만큼 편다.

7 ⑥으로 ⑤를 감싼다.

8 ⑦을 비닐로 감싼 다음 나무틀을 이용해 쑥쑥 눌러 빈틈이
   생기지 않도록 한 뒤 칼로 원하는 크기대로 자른다.

쌀강정

시판 강정 튀밥은 용량도 많고 또 입에 넣으면 아삭한 식감과 함께 사르르 녹으며 단맛이 느껴지
는 핸드메이드 튀밥에 비해 식감도 떨어진다. 튀밥을 만들기 위해서 가장 번거로운 것은 쌀을 찌
는 과정이다. 이럴 때는 시판되는 즉석밥을 이용해 보자. 즉석밥은 반드시 데운 다음 찬물에 헹궈
야 더 많은 전분이 씻겨 나가 튀밥의 식감이 더욱 아삭해진다.

기본 재료
튀밥 150g
시럽 100g
생강즙 15g
소금 2g
백년초가루 약간

튀밥 재료
즉석밥 1개
식용유 적당량

시럽 재료
설탕 170g
물엿 280g

무정과꽃 재료
무 200g
설탕·백년초가루 약간
시럽 적당량

만드는 방법

1 무정과꽃을 만든다. 무는 깨끗하게 씻어 0.3mm 두께로 썰어 1시간 정도 설탕에
   절였다가 물을 따라 버린다. 설탕과 물엿을 5:1 비율로 넣어 끓인 시럽에
   백년초가루를 넣어 섞어주고 설탕에 절인 무를 넣어 30분 정도 두어 색을
   입힌 후 체에 밭쳐 시럽을 뺀 뒤 채반에 넣어 바람이 잘 통하는 그늘에서 앞뒤로
   뒤집어가며 건조한다. 이때 무가 너무 바삭 마르지 않고 표면이 꾸덕해질
   정도로만 말린다. 무를 한 장씩 겹쳐 꽃 모양을 만들어 완성한다.

2 쌀을 튀긴다. 즉석밥을 데운 후 찬물에 맑은 물이 나올 때까지 여러 번
   헹궈가며 씻는다. 이때 밥알이 뭉개지지 않도록 살살 저어가며 씻고 뭉친 밥이
   낱알로 떼어지도록 한다. 밥알을 채반에 밭쳐 물기를 빼고 넓게 펼쳐 바람이
   잘 통하는 그늘이나 식품건조기에 바싹 말린다. 이때 밥알이 완전히 마르기 전에
   밀대로 살살 밀어 밥알이 하나씩 떨어지도록 한다. 300℃로 달군 기름에 말린
   밥알을 넣어 튀겨낸다. 이때 기름의 온도가 높아야 말린 밥알이 기름에 넣자마자
   꽃이 피듯 순식간에 부풀어 오른다. 온도가 낮은 곳에서 튀기면 밥알이 기름을
   많이 먹게 되니 높은 온도에서 빠른 시간에 튀긴다.

3 시럽을 만든다. 냄비에 설탕과 물엿을 넣고 중불에서 설탕이 녹을 때까지
   끓인 뒤 굳지 않도록 중탕하며 사용한다.

4 쌀강정을 만든다. 팬에 생강즙과 시럽을 넣고 살짝 데워지면 ②의 튀긴 쌀을
   넣고 버무린다.

5 쌀강정이 한 덩어리로 뭉쳐지면 틀에 담아 굳기 전에 가운데에 젓가락을 꽂아
   구멍을 만든다.

6 ①의 무정과꽃을 구멍에 꽂아 완성한다.

찾아보기 ▶

디저트 일타강사 레시피

초판 1쇄 발행   2024년 11월 18일
2쇄 발행   2024년 11월 20일

지은이 이애라 외 최윤정 박미란 주정화 정연화

발행인 이동한
편집장 김보선
기획·편집 강부연
마케팅 박미선(부국장), 조성환, 박경민
제작관리 이성훈(부장), 이세정
사진 이종수(이종수스튜디오)
디자인 고정선
교정·교열 한승희

발행 ㈜조선뉴스프레스 여성조선
등록 2001년 1월 9일 제2015-00001호
주소 서울특별시 마포구 상암산로34, 디지털큐브빌딩 13층
편집 문의 02-724-6712, susu001@chosun.com
구입 문의 02-724-6796, 6797

ISBN 979-11-5578-506-5
값 20,000원